传统文化

·图文本·

我的第一本国学读本

孝经·弟子规

刘维 主编

黑龙江科学技术出版社

图书在版编目（CIP）数据

孝经·弟子规 / 刘维主编. -- 哈尔滨：黑龙江科
学技术出版社,2016.11
　　（我的第一本国学读本）
　　ISBN 978-7-5388-8977-2

　　Ⅰ. ①孝… Ⅱ. ①刘… Ⅲ. ①家庭道德－中国－古代
－少儿读物②古汉语－启蒙读物 Ⅳ. ①B823.1-49
②H194.1

　　中国版本图书馆 CIP 数据核字(2016)第 227953 号

孝经·弟子规

XIAOJING·DIZIGUI

─────────────────────────────

主　　编	刘　维
责任编辑	焦　琰
封面设计	小　优
出　　版	黑龙江科学技术出版社
	地址：哈尔滨市南岗区建设街 41 号　邮编：150001
	电话：（0451）53642106　传真：（0451）53642143
	网址：www.lkcbs.cn　www.lkpub.cn
发　　行	全国新华书店
印　　刷	北京市房山腾龙印刷厂
开　　本	787 mm×1092 mm　1/16
印　　张	10
字　　数	200 千字
版　　次	2016 年 11 月第 1 版
印　　次	2016 年 11 月第 1 次印刷
书　　号	ISBN　978-7-5388-8977-2
定　　价	17.80 元

　　儿童教育经过历代教育学家的研究证明:3~13岁是儿童的最佳启蒙阶段。此阶段儿童所受的教育将会对其一生起到决定性的作用。因为在此阶段,儿童的接受能力较强,并且有着强烈的求知欲,一旦外界事物进入他们的脑海,就会形成清晰的烙印,终生难以忘却。很多教育学家都把儿童的启蒙阶段形象地比喻成一张白纸,外部事物对他们的影响就像在白纸上作画,画的内容优劣,将决定他们一生的行为轨迹。因此,古今中外的教育学家都特别重视在儿童启蒙阶段的品德培养与知识灌输。

　　中国古代教育学家历来都把经、史、子、集作为儿童的启蒙教材,使他们通过对经典名句的背诵,于潜移默化中规范自己的思想与言行。几千年的启蒙教育确实验证了这些做法,经典中那深厚的文化底蕴在伦理道德、人文历史、礼仪风化等方面无不给儿童以极好的熏陶。除此之外,经典中那多样性的文学体裁,更能使儿童在文学方面得到培养,并开拓他们小小的视野。尤其是自明、清以来,随着一批优秀的启蒙读物的出现,更使读经诵典接近平民化、口语化,在朗朗上口的诵读中,中华民族的人文历史和个人应遵守的礼仪规范及做人原则,均得以用浅显的文字显现出来。但随着时代的变迁,东西方文化的不断

1

交融,优秀的中华传统文化渐渐被人们淡忘了,我们不希望看到我们的民族出现数典忘祖的情景。众所周知,一个民族的传统文化,往往代表着这个民族的文化内涵和民族精神。如果丢掉了它们,就等于这个民族丧失了灵魂。

因此,为了进一步保存和传承我们的民族精神,就要从儿童开始抓起,即用传统文化中的精髓来熏陶孩子们,使他们在成长中不知不觉地形成良好的道德修养和丰富的文化素养,同时使他们的行为也得以规范。为此,以台中师范大学王财贵教授为首的一批海内外教育学家,在全球范围内发起了"儿童诵读经典"活动,即主张让儿童多读经典、多背经典,在读经诵典中,获得教益。基于此目的,我们在充分参考不同的版本后,对经、史、子、集中的精华部分重新进行了校对与勘订,并配有白话译文。此外,为了增加孩子们对著名历史故事的了解,我们还在此书中设立了"拓展阅读"部分,使孩子们在诵读经典之余能读到一个个有趣的故事。我们出版这套《传统文化图文本》就是针对老师和家长辅导学生的需要,在每部书中都进行了原文注音、注释和译文;出于对儿童视力、阅读兴趣等方面的考虑,书中一律采用了大字排版,并配有经典插图。为了进一步扩大儿童的视野,满足高年级儿童阅读的需要,我们还将在不久后陆续推出更多品种。

顺便说一句:小读者们,多读经诵典吧,它会让你们一生受益无穷!

最后,我们十分恳切地忠告老师和家长:如果您真的爱孩子,就不要错过对他们的启蒙教育及培养,这是他们真正可以受用一生的财富。

本书编委会

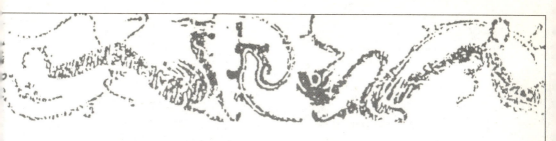

目录

xiao   jing

孝经

开宗明义① 章第一

【原文】

仲尼居②，曾子侍③。子曰："先王有至德要道④，以顺⑤天下，民用⑥和睦，上下⑦无怨。汝知之乎？"曾子避席⑧曰："参不敏⑨，何足以知之？"子曰："夫孝，德之本也，教之所由生也。复坐，吾语汝。身体发肤，受之父母，不敢毁伤，孝之始也。立身行道^⑩，扬名于后世，以显^⑪父母，孝之终^⑫也。夫孝，始于事亲^⑬，中于事君，终于立身。《大雅》^⑭云：'无念尔祖^⑮，聿^⑯修厥德^⑰。'"

【注释】

❶ 开宗明义：阐述《孝经》的宗旨，说明孝道的义理。

❷ 仲尼居：仲尼，孔子字。居，闲居或闲坐。

❸ 曾子侍：曾子，即曾参，字子舆，鲁国人，孔子的弟子。《孝经》即是他根据孔子生前的言论而编撰的。侍，服侍。这里指曾子在一边陪坐。

❹ 先王有至德要道：先王，此处指历代圣明的君主，如尧、舜、禹、汤及周文王、周武王等。至德要道，即最美好的品德和最重要的道理。

❺ 顺：使顺服。

❻ 用：因而。

❼ 上下：上，即指统治阶层。下，指平民百姓。

❽ 避席：离开座位。

❾ 参不敏：参，指曾子。不敏，不聪明。此句是曾子说自己不够聪慧。

❿ 立身行道：立身，指自立做人，有所建树。行道，实行道义。

⓫ 显：显耀或彰显。

⓬ 终：终端。此指孝的最高境界。

⓭ 事亲：侍奉父母双亲。

⓮ 《大雅》：《诗经》分为风、雅、颂三部分，其中雅又分为《小雅》和《大雅》。

⓯ 无念尔祖：无念，不要忘记。尔，你。祖，祖先。指不要忘记你的祖先。

⓰ 聿：助词。用于句首或句中，无义。

⓱ 厥德：厥，其，那，他的。指他的美德。

【译文】

孔子无事闲坐，曾子坐在一旁陪侍。孔子说："历代圣明的君主用他们至善至美的品德和道理，使天下民心归顺，百姓和睦，上下没有怨恨，你知道其中的原因吗？"曾子离开座位，恭敬地回答道："我不聪明，怎么能了解这些呢？"孔子说："孝道，是一切德行的根本啊，也是所有的教化产生的根源。你回到自己的座位上吧，让我来告诉你。人的身体、毛发和皮肤都是从父母那里得到的，不可以毁坏或损伤，这是孝的开端。能够事业有成、实行道义，使自己扬名于后世，让父母荣耀，这才算是孝的最终目标。孝道，是以侍奉双亲为孝行的开始，以为君主尽忠效力为孝行的中级阶段，以成就事业、光宗耀祖为孝行的终端。《诗经·大雅》中说：'不要忘记你的祖先，要继承、发扬他们的美德。'"

【拓展阅读】

班固孝继父业

东汉史学家、文学家班固出生于儒学世家。他的父亲班彪是个博学多才的人，善于著述，在史学上造诣颇深。班彪曾供职于大将军窦融的幕府,后来因病赋闲在家,专心研究史籍,打算续写司马迁的《史记》。后来,他先后撰写了《史记后传》60余篇。

班固自幼聪明好学,在父亲的教导和影响下,9岁就会诵赋作文章。青年时期,班固博览群书,潜心研究诸子百家的观点,颇有心得。他为人沉稳、谦逊,从不恃才傲物,因而受到人们的敬慕。

班彪病逝时,班固只有23岁,正在洛阳太学读书。听到父亲病逝的消息后,他悲痛万分,几乎不能自持。在服丧期间,他仔细通读了父亲的遗作《史记后传》,发现其中还有许多疏漏之处。因此,他下定决心要完成父亲未竟的事业,以尽孝道。

于是,班固开始大量搜集史料,准备在《史记后传》的基础上编撰《汉书》。就在班固埋头编撰时,不料祸从天降,有人诬告他私改国史,班固因而被捕入狱,书稿也被一并抄没。他的弟弟班超听到消息后,连忙上书申诉。

明帝看到班超的申诉书后,仔细阅读了班固的书稿,很欣赏他的史学才能,不但释放了他,还召他到京师校书部,任为兰台令史,掌管宫廷藏书,专门进行校勘工作。不久,又提他为典校秘书。这一来,班固如鱼得水,他一心一意地校勘史书,以勤勉和才学获得了明帝的信任,后来他终于得到了明帝的应允,可以重新开始父亲未竟的事业,继续《汉书》的编撰工作。

经过20余年的不懈努力,汉章帝时,班固终于大体完成了《汉书》的编撰工作。《汉书》是我国第一部纪传体断代史,也是一部语言精练、人物生动的古代传记文学名著。《汉书》的完成,不仅展现了班固非凡的史学才能,更蕴含着他对父亲的拳拳孝心。

tiān zǐ zhāng dì èr
天子❶章第二

【原文】

zǐ yuē　　ài qīn zhě　　bù gǎn wù yú rén
子曰："爱亲❷者，不敢恶于人❸；
jìng qīn zhě　　bù gǎn màn　　yú rén　　ài jìng jìn　　yú shì
敬亲者，不敢慢❹于人。爱敬尽❺于事
qīn　　ér dé jiào　　jiā yú bǎi xìng　　xíng yú sì hǎi
亲，而德教❻加于百姓，刑❼于四海，
gài tiān zǐ zhī xiào yě　　fǔ xíng　　yún　　yī rén
盖❽天子之孝也。《甫刑》❾云：'一人❿
yǒu qìng　　zhào mín lài zhī
有庆，兆民赖之⓫。'"

【注释】

❶ 天子：即指帝王或君主。
❷ 爱亲：指爱自己的父母。

❸ 恶于人：恶，即厌恶或憎恨。人，此处指别人的父母。

❹ 慢：怠慢或侮慢。

❺ 尽：竭尽。

❻ 德教：用道德去教化。

❼ 刑：法律、法规。

❽ 盖：句首语气词。

❾《甫刑》：《尚书》的篇名，又名《吕刑》。

❿ 一人：指天子。

⓫ 兆民赖之：兆民，指天下所有的百姓。赖之，依赖他。

【【译文】】

孔子说："爱自己双亲的人，就不会厌恶别人的父母；尊敬自己双亲的人，就不会怠慢别人的父母。无论爱或尊敬，都要竭尽全力去侍奉双亲，而把德教施加于百姓的身上，用法律去治理天下，这就是天子的孝道。《尚书·甫刑》中说：'天子的美德，是所有百姓所依赖的。'"

【【拓展阅读】】

唐太宗停聘郑女

唐太宗时，长孙皇后打听到隋朝旧臣郑仁基有个十六七岁、容貌出众的女儿，便想把她选入宫中，侍奉唐太宗。唐太宗接受了长孙皇后的意见，并写下诏书聘请郑仁基的女儿为宫中的女官。诏书还未发出去时，魏徵听说郑仁基的女儿已经许配给了士人陆爽，于是，马上上奏太宗，劝谏

他以百姓为念，并说如果不经了解就将已许配他人的郑女召入宫中，会有损陛下的德行。太宗听了此事后大为吃惊，于是亲自写诏书答复魏徵，对自己的失查一再自责，同时下令停止派遣使者，把郑女还给原来所许配的丈夫。

这时，大臣们都对太宗说："郑女许配陆爽，没有确证。如今聘请的诏书已下，不可中止。"同时，陆爽也上书说："我的父亲在世时虽和郑家有往来，但并无姻亲关系。这只是外面的人不太了解情况，才误传两家有婚约。"太宗听了大臣们和陆爽的话后，疑惑不决，于是问魏徵道："群臣都这样说，还可以理解为是为了顺从我的意旨，可是为什么陆爽也这样讲呢？"魏徵说："我暗自猜想，陆爽也许把您同太上皇相比后才会有这样的态度吧。"太宗说："我没有听懂你话里的含义。"魏徵解释道："太上皇刚刚平定京城时得到辛处俭的妻子，因而对辛处俭宠爱有加，但却对辛处俭任东宫太子舍人之职感到不满。于是太上皇下令把辛处俭调离东宫，到万年县任职。当时辛处俭便整日忧心忡忡，担心性命难保。我想陆爽以为陛下现在虽然对他宽容，但难保将来不收拾他。所以，陆爽反复说明与郑家没有婚约，这说明他心里面是有所忧惧的啊！"

于是，唐太宗接受了魏徵的意见，又发出了一道诏书。诏书上说："聘郑女入宫一事没有经过详细审查，这是经办官员的过失。此事应立即停办。"当时，百姓得知此事后，没有一个不称赞唐太宗是民之父母的，能够忧民之所忧，乐民之所乐。

zhū hóu　zhāng dì sān

诸侯❶章第三

【原文】

在上❷不骄，高而不危❸；制节
谨度❹，满而不溢❺。高而不危，所以
长守贵❻也；满而不溢，所以长守
富❼也。富贵不离其身，然后能保其
社稷❽，而和其民人❾，盖诸侯之孝
也。《诗》❿云："战战兢兢，如临深
渊，如履薄冰。"

【注释】

❶ 诸侯：即由天子所封的封国国君。

❷ 在上：居于上位。即指诸侯的地位在百姓之上。

❸ 危：凶险，不安全。

❹ 制节谨度：制节，即俭省费用。谨度，举止谨慎，做事合乎法度。

❺ 满而不溢：满，指府库充盈。溢，过分。不溢，指生活不奢侈无度。

❻ 长守贵：贵，即指尊贵的地位。意为能长久保持住尊贵的地位。

❼ 长守富：指能长久地保持住财富。

❽ 社稷：社，即土地神。稷，即掌管谷物的神。社稷，代指国家。

❾ 民人：即百姓。

❿《诗》：即《诗经》。

【译文】

　　居于上位不骄傲，身在高位也就没有什么凶险，平日俭省费用，行为合乎法度，虽府库充盈却不奢靡无度。身在高位但不以身犯险，因此才能长久地保持住尊贵的地位；虽府库充盈但不奢侈无度，因此才能长久地保持住财富。能长久保持富有和尊贵，然后才能保持住国家，使他的百姓和睦，这大概才是诸侯的孝道。《诗经·小雅》中说："恐惧谨慎得就像临近深渊，担心坠下不可复出；就像在薄冰上行走，唯恐落入水中无人救援。"

两袖清风

明朝爱国英雄于谦,从小就志向远大。他十分钦佩宋末的爱国人士文天祥,并把文天祥的画像题上词挂在自己的房间里,表示长大后要向他学习。后来于谦在科举中考中了进士,先后做了几任地方官。由于他在任上严格执法,廉洁奉公,体恤百姓的疾苦,因此很受百姓的爱戴。

明英宗朱祁镇继位后,宠信宦官王振,使得王振肆无忌惮地揽权纳财、培植私党。当时在明朝官场上,形成了一条不成文的规矩:凡是外省官员进京办事时,都要先贿赂朝中的权贵,否则就寸步难行。当时,于谦任河南、山西巡抚。有一次,他要入京办事,有两个幕僚建议他带些当地的土特产去,于谦听后笑着甩了甩自己的袖管,自我解嘲地说:"绢帕、麻菇这些东西都是地方特产,本来是人民赖以生活的资本,如果反成为百姓的祸害,就莫不如让我只带两袖清风去了。我不能增加百姓的负担,让百姓们在背后对我说三道四。"为此,他还写了首《入京》诗:"绢帕麻菇与线香,本资民用反为殃。清风两袖朝天去,免得闾阎话短长。"这首诗后来被广为传诵。

由于于谦刚正清廉,因而他得罪了不少王振的党羽,遭到他们的诬陷,致使他蒙冤入狱。河南、山西两省的百姓听说于谦的遭遇后,纷纷为他上书辩冤,一时之间伏阙上书的人有万人之多。后来,王振见民怨沸腾,迫于压力,在于谦坐牢三个月后,将他释放并官复原职。

卿大夫❶章第四
qīng dà fū zhāng dì sì

【原文】

非先王之法服❷，不敢服❸；非
fēi xiān wáng zhī fǎ fú　　bù gǎn fú　　fēi

先王之法言❹，不敢道；非先王之德
xiān wáng zhī fǎ yán　　bù gǎn dào　fēi xiān wáng zhī dé

行❺，不敢行。是故，非法不言，非道
xíng　　bù gǎn xíng　shì gù　fēi fǎ bù yán　fēi dào

不行；口无择言❻，身无择行❼；言满
bù xíng　kǒu wú zé yán　shēn wú zé xíng　yán mǎn

天下无口过❽，行满天下无怨恶❾。三
tiān xià wú kǒu guò　xíng mǎn tiān xià wú yuàn wù　sān

者备❿矣，然后能守其宗庙⓫。盖卿
zhě bèi　yǐ　rán hòu néng shǒu qí zōng miào　gài qīng

大夫之孝也。《诗》云："夙夜匪懈⓬，
dà fū zhī xiào yě　shī yún　sù yè fěi xiè

以事一人。"

【注释】

❶ 卿大夫:西周、春秋时国王及诸侯分封的臣属。

❷ 法服:古代礼法规定的服饰。

❸ 不敢服:服,此处做动词"穿"用。句意为不可以穿。

❹ 法言:合乎礼法的言论。

❺ 德行:合乎道德标准的行为。

❻ 口无择言:说话除了先王之法言,没别的选择。

❼ 身无择行:行为除了先王之德行,没别的选择。

❽ 口过:言语的错误。

❾ 怨恶:怨恨与厌恶。

❿ 三者备:三者,即指上面所说的合乎道义与礼法的服、言、行。备,具备,完备。

⓫ 宗庙:祭祀祖先的地方。

⓬ 夙夜匪懈:夙,早,早晨。匪,通"非",不。懈,懈怠。

【译文】

不是先王礼法所规定的衣服,不敢穿;不合乎先王礼法的话,不敢说;不合乎先王道德标准的事,不敢去做。因此,不符合礼法的话不说,不符合道德标准的事不做;说出的话不需经过斟酌,行为举止不需考虑如何去做;言论传遍天下,任何人都不会感到有什么过错;所做的事不论在任何地方,都不会招致怨恨。只有这三者都具备了,而后才能保持住宗庙,这是卿大夫的孝道。《诗经》中说:"朝夕都

不敢懈怠，为的是侍奉天子。"

勤于吏职

　　晋代名将陶侃，为官勤勉、行事有度，为人俭朴、缜密细致。当时，官场作风浮华放恣，陶侃对此深恶痛绝，他时常批评说："非先王之法言，不可行也，君子当正其衣冠，摄其威仪。"他任荆州、广州刺史时，内外政务，千头万绪，他终日正襟危坐，处理事情有条不紊，没有一点儿遗漏。远近各地的书信公文，他都亲自作答，从不积压。前来拜访他的客人，他都及时接待，从不让别人久等，耽误时间。他时常教育属下说："像大禹这样的圣人，尚且爱惜寸阴，至于我们众人，更当爱惜分阴，怎么可以把时间花在游乐和饮酒上呢！"对于因饮酒赌博而荒废本职工作的属下，陶侃非常严厉，不

但令人把他们的饮酒器具和赌博工具全部投入江中，还把他们狠狠地责罚一顿。从此，属下都不敢再放肆了。陶侃不但对部下如此，对自己也严格要求。平时有人赠送东西，他必要问明来源，如果是本人劳动所得，他就欢喜地收下，并加倍地回赠，如果是贪污官家所得，则立即退还，并当面批评。一次出游的路上，陶侃看见一个人手里拿着一把未熟的稻子，就问那人有什么用，那人回他说没什么用，一路上看见了，"聊取之耳"。陶侃听了大怒道："你自己不耕种，却要祸害人家的东西！"随即令人给了那人一顿鞭子。

陶侃是出了名的俭朴细致的典范。有一次，他去造船工地视察，见有很多锯木屑，便问造船官吏说："这些木屑还有没有用处？"官吏回答说："没有什么用处了。"陶侃想了想，命人把木屑都收集起来，不限多少。大家不明白他的用意，但也不便多问，只好先收集起来。到了冬天，雪后初晴，官署大厅的门前积雪融化，地上非常潮湿，难以行走。这时陶侃命人把以前收集的木屑拿来铺上，大家进进出出，感到非常方便。官府经常用竹子，锯下的竹根堆积如山。其他官吏想把这些没用的竹根处理掉。陶侃见了，要他们把厚实的竹根都收集起来。后来桓温出兵巴蜀，大造战船，这些竹根都用来做了船钉。陶侃这种时刻不忘为公事着想的精神，受到了人们的一致称赞。

在陶侃兢兢业业的治理下，当地社会安定，生产发展，百姓勤于农耕，过着自给自足的生活。"自南陵迄于白帝数千里中，路不拾遗"的美谈从此传开。

shì zhāng dì wǔ
士[1]章第五

【原文】

zī　　yú shì fù yǐ shì mǔ　 ér ài tóng　 zī
资[2]于事父以事母，而爱同；资

yú shì fù yǐ shì jūn　 ér jìng tóng　 gù mǔ qǔ qí
于事父以事君，而敬[3]同。故母取其

ài　 ér jūn qǔ qí jìng jiān zhī zhě fù yě　 gù
爱，而君取其敬，兼之[4]者父也。故

yǐ xiào shì jūn zé zhōng　 yǐ jìng shì zhǎng　 zé shùn
以孝事君则忠，以敬事长[5]则顺。

zhōng shùn bù shī　 yǐ shì qí shàng　 rán hòu néng bǎo
忠顺不失[6]，以事其上，然后能保

qí lù wèi　 ér shǒu qí jì sì　 gài shì zhī xiào
其禄位[7]，而守其祭祀，盖士之孝

yě　 shī yún　 sù xīng yè mèi　 wú tiǎn ěr suǒ
也。《诗》云："夙兴夜寐[8]，毋忝尔所

shēng

生❾。"

[[注释]]

❶ 士:指地位在平民百姓之上的一般官吏或读书人。

❷ 资:用。

❸ 敬:崇敬之心。

❹ 兼之:同时具备。

❺ 长:即指上级或长官。

❻ 不失:没有过失。

❼ 禄位:即俸禄和官位。

❽ 夙兴夜寐:夙兴,早起。亦指白日做事。夜寐,睡觉。亦指劳作的辛苦。

❾ 毋忝尔所生:忝,羞辱,有愧于。所生,即指生身父母。

[[译文]]

　　用侍奉父亲的态度来侍奉母亲,爱心是相同的;用侍奉父亲的态度来侍奉君主,崇敬之心是相同的。因此,侍奉母亲重在爱心,侍奉君主重在崇敬之心,而侍奉父亲,则二者必须兼有。所以用孝道来侍奉君主,就会尽忠;用敬重的态度来对待上级,就会顺从。如果在忠、顺两方面都做到没有过失,并用这样的态度侍奉上级,就可以保住俸禄和地位,守住祭祀祖先的宗庙,这是士人的孝道。《诗经》中说:"早起晚睡,不使自己有愧于父母。"

夹谷会盟

　　春秋时,齐国和鲁国是近邻。齐国在一代贤相晏婴的辅佐下开始强盛起来。后来,鲁国在孔子的影响下,也渐渐有了起色。

　　公元前500年,齐景公看到鲁国日益强大起来,认为对自己可能会是一种威胁,于是以祝贺鲁国大治之名,派使者约请鲁定公到夹谷来会盟,实际上暗藏杀机,想胁迫鲁君为其附庸。

　　那时候,诸侯开会都得有个大臣当助手,称作"相礼"。鲁定公决定让鲁国的司寇（管司法的长官）孔子担任这个职位。孔子说:"齐国屡次侵犯我国边境,这次约我们会盟,我们也得有兵马防备着。我希望把左右司马都带

去。"鲁定公同意孔子的主张,派了两员大将带了一些人马,随同他前往夹谷。

夹谷会盟开始时,齐国依据礼仪迎接诸侯,并与诸侯作揖为礼,交换礼物,然后开始盛大的宴会。在宴会中,齐国管事的官员要求演奏"四方之乐"助兴。这时只见一队队的武士手持矛、戟等兵器上来表演。他们不停地敲打吼叫,显然不怀好意。孔子见状坦然登上台阶,向齐国的管事官员挥了挥袖子,严肃地说:"我们的国君是为交好才来这里会盟的,怎么可以把这种野蛮的舞乐用在这样的场合呢?还不快让他们下去!"齐国国君听后感觉很尴尬,只好命这些武士下去。不一会儿,齐国管事的官员又上前请求为他们演奏"宫中之乐"。这次上来的都是一些身材矮小的戏子,而且表演的都是一些鄙俗下流的节目。孔子见到这种带有侮辱性的表演,再次走上台去,厉声说道:"这批人胆敢公然戏弄诸侯,迷乱君臣耳目,按律当斩。"随后孔子严厉地斥责了齐国管事的官员,而齐景公没有应对之辞,只好下令把这些人杀掉。

会盟后,齐景公自知理亏,心里很是不安。他责怪群臣说:"鲁国的臣子能用礼来辅佐君主,而你们却给我出一些不好的主意,使我在会盟中失礼于鲁国。"齐景公为了表示歉意,决定把从鲁国侵占过来的三处土地还给鲁国。

shù rén zhāng dì liù
庶人❶章第六

【原文】

yòng tiān zhī dào　　fēn dì zhī lì　　jǐn shēn
用天之道❷，分地之利❸，谨身

jié yòng　　yǐ yǎng fù mǔ　　cǐ shù rén zhī xiào yě
节用❹，以养❺父母，此庶人之孝也。

gù zì tiān zǐ zhì yú shù rén　　xiào wú zhōng shǐ　　ér
故自天子至于庶人，孝无终始❻，而

huàn bù jí　zhě　　wèi zhī yǒu yě
患不及❼者，未之有也。

【注释】

❶ 庶人：即指一般的平民百姓。

❷ 用天之道：用，按照，依据。天之道，即指季节和时令的运转。

❸ 分地之利：指因地制宜地种植适宜当地生长的农作物。

❹ 谨身节用：谨慎小心，节省用度。

❺ 养：赡养。

❻ 无终始:无始无终,比喻孝道的义理内涵十分博大。

❼ 患不及:担心做不到。

【译文】

按照时令、季节的变化安排农事,根据土地的特点,因地制宜地耕种各种农作物,然后谨慎小心地节省用度,用来赡养自己的父母,这是一般平民百姓的孝道。因此,从天子到平民百姓,孝道的内涵十分博大精深,但是担心自己做不到孝道的,却是从来没有过的。

【拓展阅读】

仲由负米

仲由,字子路,春秋时鲁国人,是孔子的学生。仲由从小家境贫寒,虽然平时非常节俭,但也要经常靠野菜充饥。仲由是个非常孝敬父母的孩子,他觉得自己吃野菜没关系,但父母年纪大了,吃野菜会影响健康。于是,仲由常常自己吃野菜而让父母吃米饭,有时,为了让父母吃到米,他就走到百里之外的地方去买米,再背着米赶回家里,奉养双亲。

冬天,冰天雪地,天气非常寒冷。家里没米时,仲由便顶着鹅毛大雪,踏着河面上的冰,一步一滑地往前走,脚都要被冻僵了也不肯歇一歇,双手实在冻得抓不住米袋,他才肯停下来,把手放在嘴边暖暖,然后继续赶路。夏天,烈

日炎炎，仲由扛着米袋又累又热，汗流浃背，但为了能早点回家给父母做可口的饭菜，他一直咬牙坚持走回家；遇到大雨时，仲由就把米袋藏在自己的衣服里，宁愿淋湿自己也不让大雨淋到米袋。

一百里是非常远的路程，也许现在有人可以做到走一次、两次。可是一年四季经常如此，就极其不易。然而仲由却甘之如饴。如此艰辛却能持之以恒，实在是令人钦佩。

仲由的父母去世后，他南下到了楚国。楚王聘他当官，给他很优厚的待遇：出门就有上百辆的马车跟随；每年有极丰厚的俸禄；所吃的饭菜很丰盛，每天山珍海味不断。仲由过着富足的生活，但他并没有因为物质条件好而感到欢喜，反而时常感叹。他为父母的不在而叹息不已，并常说："我是多么希望父母能和我一起过好日子啊！可是父母已经不在了，即使我想再从百里之外负米奉养双亲，也永远不可能了。"

sān cái zhāng dì qī

三才❶章第七

【原文】

zēng zǐ yuē　　shèn zāi　　xiào zhī dà yě

曾子曰："甚哉❷,孝之大也!"

zǐ yuē　　fú xiào　tiān zhī jīng　yě　dì zhī yì

子曰："夫孝,天之经❸也,地之义❹

yě　mín zhī xíng　yě　tiān dì zhī jīng　ér mín shì

也,民之行❺也。天地之经,而民是

zé zhī　　zé tiān zhī míng　yīn dì zhī lì　yǐ

则之❻。则天之明❼,因地之利❽,以

shùn tiān xià　　shì yǐ qí jiào bù sù ér chéng　qí

顺天下。是以其教不肃而成❾,其

zhèng bù yán ér zhì　　xiān wáng jiàn jiào zhī kě yǐ huà

政不严而治。先王见教之可以化

mín yě　shì gù xiān zhī yǐ bó ài　ér mín mò yí

民❿也,是故先之以博爱,而民莫遗⓫

24

其亲；陈⑫之以德义，而民兴行⑬。先之
以敬让，而民不争；导之以礼乐，而
民和睦；示之以好恶⑭，而民知禁⑮。
《诗》云：'赫赫师尹⑯，民具尔瞻⑰。'"

【注释】

❶ 三才：即指天、地、人。

❷ 甚哉：甚，很，非常。哉，语气助词，表示感叹。

❸ 经：指永恒不变的道理与规律。

❹ 义：合乎义理的法则。

❺ 民之行：指孝道是人之百行中最根本、最重要的品行。

❻ 民是则之：百姓因此把它作为法则。

❼ 天之明：指天上那些有规律运行的日、月、星辰。

❽ 因地之利：因，凭借或依靠。指充分利用大地的优势，顺应自然规律。

❾ 不肃而成：不肃，不严厉。成，成功。

❿ 化民：感化民众。

⓫ 莫遗：不遗弃。

⓬ 陈：宣扬。

⓭ 兴行：主动去实行。

⓮ 示之以好恶：示，明示。之，指代民众。好恶，好的与坏的。

⓯ 知禁：就知道什么事不可以做。禁，法令或习俗所不允许的事项。

⓰ 师尹：周太师尹氏。

【译文】

　　曾子感慨地说:"太不寻常了,孝道是多么博大高深啊!"孔子说:"孝道,是上天永恒不变的道理与规律,是大地上合乎义理的法则,是民众品行的根本。天地间那些不变的规律和义理,是百姓应该遵循的法则。因此要遵循上天永恒的规律,依靠大地的优势,来治理天下。这样,教化不必严厉就会成功,政令不必严苛就会大治。先代圣王认识到能用教化感化民众,因此他们先对民众施以博爱,民众就没有人遗弃他们的父母;向民众宣扬道德,民众就主动实行。先教化民众恭敬谦让,民众就不去争斗;引导民众学习礼义规范,民众就和睦相处;向民众明示什么是好的,什么是坏的,民众就知道什么是不可以做的事。《诗经·小雅》中说:'声名显赫的周太师尹氏,民众都仰视着你。'"

【拓展阅读】

宓(fú)子贱鸣琴治单父(shàn fǔ)

　　春秋时,孔子的学生宓子贱在鲁国做官,被鲁国国君派到单父这个地方任邑宰。宓子贱听说单父的前任邑宰巫马期在任时强调勤苦,并常带头劳作,日夜苦干,因此很受百姓敬爱。所以宓子贱来到了单父后,一改巫马期的做法,他先在城南建了一座简易的琴台,然后经常在那里弹琴唱歌。他的琴声悠扬悦耳,歌声委婉动听。当地的百姓都乐于到这个台下来听他弹琴唱歌,在享受音乐乐趣的同时也提高了修养。巫马期听说了此事,非常不理解,就派人前去探问究竟。宓子贱回答说:"治理地方主要应着眼于人的教化和选用贤能,我弹琴唱歌就是在教化民众啊!"巫马期听了非常佩服。

有一年夏天,单父郊外田里的小麦正待收割,忽然传来齐国军队入侵的消息。有人向宓子贱建议说:"我们应该让城里人先到城外去抢割麦子,否则麦子就会被入侵的齐军得去。为了能多收回些麦子,可以告诉百姓谁割到的麦子就归谁。"宓子贱没有采纳这个人的建议,结果单父郊外的麦子被入侵的齐军抢去了一部分。鲁国大夫季孙氏知道这件事后极为恼火,派人去责问宓子贱为什么置大片的麦田不顾。宓子贱听后,认真地回答说:"单父郊区的小麦确实是损失了一部分,但是对于全国来说并没有什么大碍。可是,如果一有敌情,我们就允许那些原来不种田的人去抢收别人的麦子,并从中获利,这就会让那些不劳动的人盼望敌寇来侵以便不劳而获,这样只会滋长人们不劳而获的心理,不利于教化民众。而这种心理一旦形成,便不是三五年可以去除的。我没有同意当时一些人的建议也正是出于这样一个原因啊!"

来人回去后把宓子贱的想法告诉给了季孙氏。季孙氏不得不承认宓子贱是一个站得高、看得远的人,因而对他的做法大为称赞。

孝治①章第八

【【原文】】

子曰："昔者明王②之以孝治天
下也，不敢遗③小国之臣，而况于
公、侯、伯、子、男④乎？故得万国⑤之
欢心，以事其先王⑥。治国者⑦，不敢
侮于鳏寡，而况于士民乎？故得百
姓之欢心，以事其先君。治家者⑧，
不敢失于臣妾⑨，而况于妻子⑩乎？

gù dé rén zhī huān xīn   yǐ shì qí qīn fú rán gù
故得人之欢心，以事其亲。夫然，故

shēng zé qīn ān zhī   jì zé guǐ xiǎng zhī shì yǐ
生则亲安之⑪，祭⑫则鬼享之。是以

tiān xià hé píng   zāi hài bù shēng   huò luàn bù zuò
天下和平，灾害不生，祸乱不作⑬。

gù míng wáng zhī yǐ xiào zhì tiān xià yě rú cǐ   shī
故明王之以孝治天下也如此。《诗》

yún   yǒu jué dé xíng   sì guó shùn zhī
云：'有觉德行⑭，四国顺之。'"

【注释】

❶ 孝治：以孝道治理天下。

❷ 明王：圣明的帝王。

❸ 遗：漏掉，忽略。

❹ 公、侯、伯、子、男：是周朝所分封的五等爵位。

❺ 万国：泛指一切诸侯国家。

❻ 以事其先王：这里指各诸侯国都来参加对先王的祭典。亦指都服从天子的统治。

❼ 治国者：代指天子分封的诸侯们。

❽ 治家者：指诸侯国中的卿大夫。

❾ 臣妾：指男、女仆役。

❿ 妻子：妻子和儿女。

⑪ 安之：安定地生活。

⑫ 祭：指父母死去后的祭祀。

⑬ 祸乱不作：祸乱，指人为的祸患。不作，不会产生。

⑭ 有觉德行：觉，高大、正直。指天子有伟大的德行。

【译文】

孔子说:"过去圣明的帝王以孝道治理天下,即便小国都不曾疏漏,并以礼相待,更何况是公、侯、伯、子、男这五等诸侯呢? 因此这些圣明的君主能得到所有诸侯的拥护,使他们能各守其职,都争相来祭祀先王。诸侯以孝道治理封国,连那些无依无靠的鳏夫、寡妇都不敢侮慢,更何况是士绅、平民呢? 因此就受到了百姓们的拥护,使百姓也主动来祭祀他的先代君主,服从他的统治。接受俸禄奉养双亲的卿大夫,用孝道治家,即便对男、女仆役都不敢失礼,更何况是对妻子和儿女呢? 所以他们能深得家人的欢心,使家人能真心侍奉卿大夫的父母。这样,他们的父母在世的时候,就能安乐地生活,死后也能享受他们的祭祀。因此,天下就会太平,各种灾害就不会发生,祸乱也不会形成。所以,那些圣明的帝王用孝道治理天下时,就会有这样的结果。《诗经·大雅》中说:'天子有这样伟大的品德,四方各国都会服从他的统治。'"

【拓展阅读】

虞舜孝感天下

虞舜姓姚,名重华,号有虞氏,从小就宽厚仁爱,孝敬父母,友爱兄弟。舜的母亲在生下舜后不久就去世了,他的

父亲瞽(gǔ)叟续娶了妻子,生下了一个男孩子,取名叫象。象从小顽劣不堪,长大后更加自私贪婪。继母本来就忌恨舜,生下象后更加仇视舜,而舜的父亲因为听多了继母在他耳边说的有关于舜的坏话,加之对小儿子的疼爱,于是也将舜视作眼中钉。但天性纯孝的舜不论父母和弟弟怎样对待自己,他总是恭敬友爱地对待每一个人,没有一丝抱怨。当时尧帝听说了舜的贤德,就把自己的两个女儿娥皇、女英嫁给了他,又赐给他许多牛羊,借以考察他的才能。象为了侵吞财产,霸占嫂嫂,就想方设法在父母面前说舜的坏话,并企图谋害舜的性命。

一天,瞽叟让舜修缮家里的谷仓。舜刚刚爬上仓顶,象就乘机抽掉了舜的梯子,并放火烧仓。舜临难不慌,双手高高举起头上的斗笠从粮仓上跳了下来,得以安全着地。后来,瞽叟又派舜去淘井,舜就先避着瞽叟和象偷偷地在井壁上凿了一个通向外面的洞。瞽叟和象见舜下了井,就立刻往井里填土,想借此把舜埋在里面。而这时，舜却从凿开的洞出去了。

　　尽管舜的少年时代充满了苦难，但这也造就了舜的美德。他没有埋怨世道的不公，而是更加孝顺父母，爱护弟弟，勤奋好学。后来舜接受了尧帝的"禅让"，致力于发展生产、开渠凿井、广结人才，使得当时的农业技术与工业技术都发生了较大的飞跃。在治国之道上，舜以身教和言教并行。他虽贵为部落联盟领袖，但仍与人民同甘共苦，使老百姓食有鱼肉，穿有衣裳，不为冗繁的劳役所累，也不会因批评国事而获罪。舜在晚年，又以他博大的胸怀化解了矛盾，使各少数民族部落与其部落团结成一体。舜不仅以爱心及真诚恭敬地对待朋友和人民，还以爱心与真诚对待敌人。

　　在舜治天下的时代，人民知礼义，天下信服。舜也成为了一位被世人景仰的伟人。后来，太史公司马迁赞誉舜说："天下明德皆自虞舜帝始。"

圣治^①章第九

shèng zhì zhāng dì jiǔ

【原文】

zēng zǐ yuē　　　gǎn　wèn shèng rén zhī dé　wú
曾子曰："敢^②问圣人之德，无

yǐ jiā yú xiào hū　　zǐ yuē　　tiān dì zhī xìng
以加于^③孝乎？"子曰："天地之性^④，

rén wéi guì　rén zhī xíng　mò dà yú xiào　xiào mò dà
人为贵。人之行，莫大于孝。孝莫大

yú yán　fù　yán fù mò dà yú pèi tiān　zé zhōu
于严^⑤父，严父莫大于配天^⑥，则周

gōng　qí rén yě　xī zhě　zhōu gōng jiāo sì hòu jì
公^⑦其人也。昔者，周公郊祀后稷^⑧

yǐ pèi tiān　zōng sì wén wáng yú míng táng　yǐ pèi shàng
以配天，宗祀文王于明堂^⑨以配上

dì　shì yǐ sì hǎi zhī nèi　gè yǐ qí zhí lái jì
帝。是以四海之内，各以其职来祭。

夫圣人之德，又何以加于孝乎？故亲生之膝下⑩，以养父母日严⑪。圣人因严以教敬，因亲以教爱。圣人之教，不肃而成⑫，其政不严而治⑬，其所因者本⑭也。父子之道，天性也，君臣之义也。父母生之，续莫大焉。君亲临之，厚莫重焉。故不爱其亲而爱他人者，谓之悖德⑮；不敬其亲而敬他人者，谓之悖礼⑯。以顺则逆，民无则⑰焉。不在于善⑱，而皆在于凶德，虽得之，君子不贵⑲也。君子则不然，言思可道⑳，行思可乐㉑，

dé yì kě zūn　zuò shì kě fǎ㉒　róng zhǐ kě guān㉓，
德义可尊，作事可法㉒，容止可观㉓，

jìn tuì kě dù㉔　yǐ lín㉕ qí mín。shì yǐ qí mín
进退可度㉔，以临㉕其民。是以其民

wèi ér ài zhī　zé ér xiàng zhī㉖　gù néng chéng qí
畏而爱之，则而象之㉖。故能成其

dé jiào　ér xíng qí zhèng lìng　shī yún　shū rén㉗
德教，而行其政令。《诗》云：‘淑人㉗

jūn zǐ　qí yí bù tè㉘
君子，其仪不忒㉘。’”

【注释】⸺⸺⸺⸺⸺⸺⸺⸺⸺⸺⸺⸺⸺⸺⸺⸺⸺⸺⸺⸺⸺

❶圣治：即圣人治理天下。

❷敢：敬语，即冒昧的意思。

❸加于：超过。

❹性：指生命、生灵。

❺严：尊敬。

❻配天：指祭祀上天时也一同祭祀祖先。

❼周公：即指周武王的弟弟姬旦。

❽后稷：周王室的始祖。

❾明堂：古代帝王宣明政教的地方。凡祭祀、朝会、庆赏等大典均在
此举行。

❿亲生之膝下：亲，即指亲近父母之心。膝下，指幼年时期。

⓫日严：日益尊敬。

⓬不肃而成：不肃，不严厉。而成，却大有成效。

⓭不严而治：不严苛却能使天下大治。

⑭ 本:即指人的本性,此指孝道。

⑮ 悖德:违背道德。

⑯ 悖礼:违背礼义。

⑰ 则:法则。

⑱ 善:指孝道。

⑲ 贵:重视。

⑳ 思可道:思,考虑。可道,被别人所称赞。

㉑ 可乐:让别人感到快乐。

㉒ 可法:能被别人所效法。

㉓ 容止可观:君子的容貌和举止要使别人仰慕。

㉔ 进退可度:君子的进退都要合乎法度。

㉕ 临:亲临。此处指治理或统治。

㉖ 象之:榜样。此处指效仿。

㉗ 淑人:有德行的人。

㉘ 不忒:没有差错。

【译文】

　　曾子说:"冒昧地问老师,圣人的德行,没有比孝道更伟大的了吗?"孔子说:"天地万物之中,以人最为重要。而人的行为,没有什么比孝道更伟大的了。而孝道之中,没有什么比尊敬、亲爱父亲更伟大的了,而敬爱父亲,没有什么比祭祀上天的同时也祭祀祖先更伟大的了,而把祭祀上天与祭祀祖先同时进行,则只有周公做到了这一点。过去,周公在郊外祭天时,祭祀了祖先后稷;当率领宗室在明堂祭祀文王时,又祭祀了天帝。于是,四海之内,都开始各依其职来参加祭祀。所以,圣人的德行,哪能比孝道更伟大呢?人在幼年时,便懂得亲近自己的父母,以后知道日益尊敬父母。于是,

圣人便根据子女敬重父母的天性,引导教育他们敬重父母,根据子女爱父母的天性,引导教育他们爱父母。圣人的教化,虽然不严厉,却大有成效,其政令虽然不严苛,却能使天下太平,所依靠的就是人们的孝道天性。父子之间的父慈子孝,是人的天性,而君臣之间的义理也是这样。父母养育子女并传宗接代,没有比这更重要的了。君主对臣属,就如同父母对子女,其关系没有比这更厚重的了。因此,作为子女不爱自己的父母,而去爱他人,这就叫违背道德;作为子女不去敬重自己的父母,而去敬重别人,这就叫违背礼义。如果不是顺应天理敬爱父母,而是逆天而行,那么民众将没有可效法的准则了。如果一个人不依照孝道去做事,相反都表现于丑恶的品德上,虽然一时可能有所得,但君子是不会去重视他的。君子与之不同,他们说出的话首先要考虑是否会被人称道,行为举止首先考虑是否能使人高兴,立德行义是否能被人尊敬,所做的事是否能被人效法,容貌举止是否能受人仰慕,一退一进是否合乎法度,他们就是用这样的办法来治理民众的。因此,他的民众既敬畏他又拥护他,并处处把他当作榜样来效仿他。也正因如此,君子才能成功地用孝道教化民众,从而顺利地实行他的政令。《诗经·曹风》中说:'善人君子,仪容举止不会有差错。'"

|| 拓展阅读 ||

卖剑买牛易风俗

汉宣帝在位时,渤海郡收成不好,无衣无食的百姓被迫四处逃亡,甚至有人在走投无路的情况下做了盗贼。当时的社会秩序极为混乱,官府已经无法控制局面,于是有人上书推荐平阳人龚遂出任渤海郡的太守。当时的龚遂已近古稀之年,而且身材矮小,其貌不扬。宣帝见到龚遂后,对他出任渤海郡太守心存疑虑,于是宣帝就问道:"现在渤海荒乱,不知你可有什么好的办法来治理?"龚遂答道:"当地饥荒,人民生活无着落,又无良吏抚慰,一些百姓被迫沦为盗寇,所以才会使秩序更加混乱。治乱民就好像解乱绳一样,需要慢慢整理,才能平治。"汉宣帝听了龚遂的回答非常高兴,于是派他治理渤海郡。

卖剑买牛

龚遂立刻走马上任。他走到半路时,碰到郡中派来迎接他的军队,龚遂马上把他们打发回去。他到了渤海郡后做的第一件事,就是传令停止追捕流亡百姓,同时打开粮仓赈济灾民。由此,民心安定下来。然后他又规定:郡中各县的百姓凡是那些拿着锄头、镰刀的都视为良民,官吏们不得查问,只有拿着兵器的才以盗贼论处。那些被迫沦为盗贼的人闻讯后纷纷放下手中的兵器,拿起了锄头、镰刀。龚遂看到民情出现了转机,于是又进一步查劾(hé)官吏,尽职的、廉洁的地方官吏得以留用,不称职的或违法的则相应地免职或是查办。他的一系列措施得到了民众的拥护,郡中秩序逐渐地趋向稳定。

这时,龚遂发现渤海一带风俗奢侈、不喜农业生产,于是他又号召民众"卖剑买牛,卖刀买犊",鼓励百姓们好好从事农耕蚕桑,组织生产自给。他下令:郡中每个人要种一株榆树、一畦韭菜;每家养两头猪、五只鸡。百姓有佩带刀剑的,劝他们卖掉刀剑买牛。春夏农忙季节鼓励百姓下地劳动,秋冬时督促人们收获庄稼,又教百姓多种植瓜果。几年的时间,渤海郡全郡大治,不但百姓生活得到了明显的改善,犯罪和打官司的也都没有了,龚遂的政绩被传为了美谈。

纪孝行❶章第十

【原文】

子曰："孝子之事亲也,居则致❷
其敬,养❸则致其乐,病则致其忧,
丧则致其哀,祭则致其严❹,五者备
矣,然后能事亲。事亲者,居上不
骄,为下不乱❺,在丑不争❻。居上
而骄则亡,为下而乱则刑,在丑而
争则兵❼。三者不除,虽日用三牲❽

zhī yǎng　yóu wéi bù xiào yě

之养,犹为不孝也。"

【注释】

❶ 纪孝行:即记述孝道的内容及做法。

❷ 致:尽,极。

❸ 养:供养和服侍。

❹ 严:严肃和肃穆。

❺ 为下不乱:作为下级不犯上作乱。

❻ 在丑不争:在丑,处在地位低贱时。不争,不争夺。

❼ 兵:指动用武力。

❽ 三牲:即指牛、羊、猪。

【译文】

孔子说:"孝子对待双亲,在日常生活中,要用最敬重的心意去侍奉他们;在赡养时,要用最快乐的心情去服侍他们;在父母生病时,要怀着最忧虑的心情去照料他们;在父母去世时,要怀着最哀伤的心情去办理丧事;在祭奠父母时,要用最严肃的态度来追思他们,只有具备了这五点,然后才能更好地侍奉父母。侍奉双亲的孝子,居于上位不骄傲自大,作为臣属和下级不犯上,地位低贱不去争夺。居于上位而骄傲自大,就会招致败亡;作为臣属或下级犯上,就会招致刑狱;因地位低贱而去争夺,就会引发争斗。这三点不除掉,即使每天用三牲所做的佳肴美味来供养父母,仍不能算是个孝子。"

黔娄尝粪

　　南北朝时南齐有个叫庾黔娄的人,为人十分孝顺。有一年,他被派到孱陵这个地方去当县令。刚当上县令,他心中很是欣喜。可是到任还不到十天,他突然觉得心神不宁,而且额头上的汗珠簌簌往下流。俗话说:父子连心。黔娄心想:莫不是家里出了什么事?于是便要辞官回家。衙门里的人听说他要辞官的理由后,觉得很惋惜,便说:"您要是不放心就先派个衙役回家看看,要不然直接把家人接到这里。但是黔娄想到家中的老父亲已经年迈,便毅然决然谢绝了众人的好意,马上起程。他不敢在路上耽误片刻工夫,夜以继日

地赶路。

等黔娄心急如焚地赶到家后,发现他的父亲真的生病了。老人家身患痢疾,卧床不起已经两天了。他看到卧床的老父亲,泪水涟涟地说:"是我没有照顾好您,都是我的责任啊!"然后黔娄不顾路途的疲劳,立即去找最好的医生来为父亲诊断病情。医生告诉黔娄说:"如果你想要知道病情严重与否,你就要去尝尝病人的粪便味道如何,到底是苦的还是甜的。如果是苦的,就很容易医治;如果是甜的就不好治了。"在场的家仆听到医生的话后,都觉得很为难。

可是黔娄听说后,想都不想便尝了父亲的粪便。当场的人都深深地被黔娄的孝心感动了。黔娄觉得父亲的粪便中有一丝甜味,这说明父亲的病很严重,就更加忧心如焚。他尽力地侍奉父亲,白天亲自服侍,晚上就向着北斗七星磕头祈求,希望能以他自己的身体代替父亲承担病情,希望以他的生命来换取父亲的生命。他天天迫切地向上天祷告,连头都磕破了。

但是,黔娄的父亲因为病得很严重,加上年迈抵抗能力弱,所以不久就过世了。黔娄非常哀痛,多日来的焦虑担忧加上劳累,使得自己的身体变得非常虚弱,几乎没有办法承受这一打击,更没有体力办理丧事,但他坚持按礼守孝。后来黔娄这段为父亲放弃官职、抛弃名利的事被人们广为传颂。

五刑^❶章第十一
wǔ xíng zhāng dì shí yī

【原文】

子曰："五刑之属三千^❷,而罪莫
zǐ yuē　wǔ xíng zhī shǔ sān qiān　ér zuì mò

大于不孝^❸。要君^❹者无上,非^❺圣
dà yú bù xiào　yāo jūn　zhě wú shàng　fēi shèng

人者无法,非孝者无亲^❻。此大乱之
rén zhě wú fǎ　fēi xiào zhě wú qīn　cǐ dà luàn zhī

道^❼也。"
dào yě

【注释】

❶ 五刑:古代依照罪过的轻重所设立的五种刑罚。五刑分别是墨、劓(yì)、刖(fèi)、宫、大辟。墨,即在额头刺字后,涂以黑色。劓,即割鼻。刖,即剁脚。宫,即男子割去生殖器官。大辟,即砍头。

❷ 三千:即指应处以五刑的罪名有三千条。

❸ 莫大于不孝:三千条罪名没有大过不孝的。

❹ 要君：即要挟君主。

❺ 非：责备、反对。

❻ 无亲：没有父母。

❼ 大乱之道：大乱的根源。

【【译文】】

孔子说："属五刑之内的罪过有三千条，而三千条罪行中最严重的是不孝。用武力胁迫君主的人，是目中没有君主；反对圣人的人，是目中没有王法；而反对孝道或对孝道有非议、不恭敬的人，则是目中没有父母，这些都是大乱的根源。"

【【拓展阅读】】

国 之 妖 怪

商朝末年，商纣王暴虐无道，以致当时政治腐败，朝纲混乱，老百姓怨声载道。人们不敢指责国君昏庸，就说有妖怪在王宫作祟，扰乱了国君的心智。这个说法在民间越传越盛，使得四方邻国都听说了商国有妖怪祸国这个传言，并都半信半疑。就在此时，周武王却以孝德治理自己的国家并深得人心，他继承其父文王的灭商遗志，联合八方诸侯，挥师东下，在孟津（今河南省孟津县东北）大败商军。

有一次，周武王亲自提审两个战俘，问道："你们国家果真有妖怪吗？"

两名战俘见周武王亲自审问,吓得不知所措,其中一名俘虏战战兢兢地回答说:"我国确实有妖怪,因为在白天都能看到星星;下雨的时候,天上落下的不是雨水,而是血水。"另一个俘虏比较有见识,他壮着胆子说:"他说的那些固然也算是妖怪,但还不是最大的,我们国家还有这样的怪事:儿子忤逆父母,兄弟间不能团结友爱,君主的法规不能令行禁止。这些恐怕才是祸国殃民的最大妖怪。"

guǎng yào dào zhāng dì shí èr
广要道❶章第十二

[[原文]]

zǐ yuē　　jiào mín　qīn ài　　mò shàn yú
子曰："教民❷亲爱，莫善❸于

xiào　jiào mín lǐ shùn　　mò shàn yú tì　　yí fēng yì
孝。教民礼顺❹，莫善于悌❺。移风易

sú　mò shàn yú yuè　ān shàng zhì mín　　mò shàn yú
俗，莫善于乐。安上治民❻，莫善于

lǐ　lǐ zhě　jìng ér yǐ yǐ　　gù jìng qí fù　zé
礼。礼者，敬而已矣❼。故敬其父，则

zǐ yuè　jìng qí xiōng　zé dì yuè　jìng qí jūn　zé
子悦；敬其兄，则弟悦；敬其君，则

chén yuè　jìng yī rén　　ér qiān wàn rén yuè　suǒ jìng
臣悦；敬一人❽，而千万人悦。所敬

zhě guǎ　ér yuè zhě zhòng　cǐ zhī wèi yào dào yě
者寡❾，而悦者众。此之谓要道也。"

47

【注释】

❶ 广要道:从广义上来阐述孝道。

❷ 教民:教育民众。

❸ 善:好。

❹ 礼顺:懂得礼仪。

❺ 悌:敬爱兄长。

❻ 安上治民:安上,让居于上位的君主安心。治民,让百姓安享太平。

❼ 敬而已矣:敬,指敬重父母。已矣,罢了。

❽ 一人:指父、兄、君主。

❾ 寡:少。

【译文】

孔子说:"教育民众相亲相爱,没有比孝道更好的方法了。教育民众懂得礼仪、待人和顺,没有比孝悌更好的方法了。要改变民风习惯,没有比音乐更好的方法了。让君主安心,让民众太平,没有比礼教更好的方法了。所谓礼,不过是敬爱罢了。因此,敬重他的父亲,他的儿子就高兴;敬重他的兄长,他的弟弟就高兴;敬重他的君主,他的臣属就高兴;虽然敬重的是一个人,却能使千万人高兴。虽然所敬重的人少,但为之高兴的人却非常多,这就是广义上说的孝道。"

临 雍 拜 老

　　东汉的开国皇帝是汉光武帝刘秀。为了巩固自己的统治,刘秀大力倡导儒家的孔孟之道。他每到一个地方巡视,都要亲自去拜访精通儒学的人。刘秀还在京城设立太学,让熟读经书的人在太学里宣讲儒家的忠孝节义等学说。这对当时的社会稳定起了很大的推动作用。刘秀死后,他的四儿子刘庄继承了皇位,即汉明帝。明帝继承了其父尊崇儒术的传统,以孝德感化天下。

　　永平二年(公元59年),为了表示对年高德勋者的尊重,汉明帝决定在辟雍举行拜老礼仪。

在拜老仪式之前，通常要先选出年高位尊者，即"三老"和"五更"。"三老五更"本是汉高祖刘邦所设的一种乡官。所谓"三老"就是乡里德高望重、足以教化乡人的长者；所谓"五更"就是通晓五行更替、阅历丰富的老人。汉明帝这次拜的"三老"是老臣李躬，而"五更"则是他的老师桓荣。

敬拜仪式开始的这一天，明帝很早就乘车辇赶往辟雍礼殿，派人用安车迎接"三老""五更"，并亲自到殿门口迎接礼拜。接着开始礼宴，在宴会上，明帝亲自为"三老""五更"敬酒，并表示自己将像儿子侍奉父亲一样侍奉"三老"，要像弟弟侍奉兄长一样侍奉"五更"。仪式结束后，明帝还广施恩泽，赐天下所有的"三老"每人一石酒、四十斤肉。此后，"临雍拜老"就成了天子以孝悌之德教化天下的典范。

广至德①章第十三
guǎng zhì dé zhāng dì shí sān

【原文】

子曰："君子之教以孝②也，非家
zǐ yuē jūn zǐ zhī jiào yǐ xiào yě fēi jiā

至③而日见之也。教以孝，所以④敬天
zhì ér rì jiàn zhī yě jiào yǐ xiào suǒ yǐ jìng tiān

下之为人父⑤者也。教以悌，所以敬
xià zhī wéi rén fù zhě yě jiào yǐ tì suǒ yǐ jìng

天下之为人兄者也。教以臣，所以
tiān xià zhī wéi rén xiōng zhě yě jiào yǐ chén suǒ yǐ

敬天下之为人君者也。
jìng tiān xià zhī wéi rén jūn zhě yě

"《诗》云：'恺悌⑥君子，民之父
shī yún kǎi tì jūn zǐ mín zhī fù

母。'非至德，其孰⑦能顺民，如此其
mǔ fēi zhì dé qí shú néng shùn mín rú cǐ qí

大者乎？"
dà zhě hū

【注释】

❶ 广至德:进一步阐述孝道是德行最高境界的道理。

❷ 教以孝:教化民众实行孝道。

❸ 非家至:至,到。不是家家都要走到。

❹ 所以:用以,用来。

❺ 人父:此处泛指所有的父母。

❻ 恺悌:平易和蔼,容易亲近。

❼ 孰:谁。

【译文】

孔子说:"君子用孝道来教化民众,不是亲自去每家讲孝道的意义,而是用自己每天的孝行来感化民众。君子教化民众要实现孝道,为的是让民众敬重天下所有的父母。君子教化民众实现孝悌,为的是让民众尊敬天下所有的兄长。君子教化人臣奉守为臣之道,为的是让臣属敬重天下的君主。

"《诗经·大雅》中说:'慈祥和乐的君子,不愧是民众的父母。'没有至高的德行,谁又能有如此伟大的感召力来使天下民众顺服呢?"

【拓展阅读】

托 相 献 规

楚庄王,名旅,他是春秋时的一位雄主,也是一位明君。他即位时还不满二十岁,当时朝中不同派系如同水火,争斗不休,朝纲混乱。楚庄王有心励精图治,但苦于羽翼未丰,地位也不够牢固,于是,他便佯装平庸,深居后宫,坐钟鼓之下,"左抱越女,右拥郑姬",表面上是沉溺于鼓乐酒色之中,不问政事,"三年不飞","三年不鸣",但暗中却在定意志、察民情、辨忠奸、识贤愚、访良才、长羽翼,准备重振朝纲谋大业。

一天,楚庄王得知国内有一位善于看相的人,每相极准,楚国人都争相找他给看相。于是,楚庄王便派人把这位相士召进了宫中,问他有什么秘诀。这个人非常坦诚地说:"其实我并不会给人看相,我不过是善于观察而已。我的未卜先知是完全赖于对看相人的朋友的观察才得出的结论啊。对于一个百姓来说,如果他的朋友都是一些能够孝敬父母、友爱兄弟,而且纯朴善良、遵纪守法的人,那么他的家庭必定会越来越兴旺,他本人将来也必定会越来越显贵,这样的人也就是人们常说的吉人。反之亦然。对于侍奉国君的臣子来说,如果他所交的朋友都是一些忠诚守信、品行高尚而且乐善好施的人,那么这个人将来一定会官运亨通、前程无量,这也就是人们所说的吉臣。那么对于君主来说,如果他手下的臣子都能忠心耿耿,而且庄重贤德,能够直言进谏,那么这个国家就会日益强大,人民生活也会一天比一天好起来,天下的百姓也会争着前来归附。那么这样的君主必定是能够善于纳谏的明君,也就是人们常说的吉主。我之所以能够每相必准,所依赖的不过就是这个道理罢了。"

楚庄王听了相士的话后深受启发,他重赏了这个看相之人,并从此广纳贤士,后来得到了孙叔敖的辅佐。孙叔敖辅佐庄王兴建水利,修订法令,整顿军制,改进军政典令,使楚庄王一跃而成为春秋五霸之一。

guǎng yáng míng zhāng dì shí sì
广扬名❶章第十四

【原文】

zǐ yuē　　jūn zǐ zhī shì　qīn xiào　gù zhōng
子曰："君子之事❷亲孝,故忠

kě yí　yú jūn　shì xiōng tì　gù shùn kě yí yú
可移❸于君;事兄悌,故顺可移于

zhǎng　jū jiā lǐ　gù zhì kě yí yú guān shì yǐ
长;居家理❹,故治可移于官。是以

xíng chéng yú nèi　ér míng lì yú hòu shì yǐ
行成于内❺,而名立于后世矣。"

【注释】

❶广扬名:阐述孝道与扬名的关系。

❷事:侍奉。

❸移:转移。

❹居家理:善于料理家事。

❺行成于内:在家里养成美好的德行。行,指孝、悌、理三种品行。

内,家里。

【译文】

孔子说："君子侍奉父母能尽孝道,那么他就能把这种情感转移到君主的身上,从而忠心地侍奉君主;君子侍奉兄长能尽孝悌,那么他就能把这种情感转移到长官的身上,从而服从于他的长辈和上司;善于料理家事,就能把治家的道理转移到处理政事上,从而管理好政务。因此在家里养成美好的品行,行孝悌之道,处理好家务,他的名声也就扬显于后世了。"

【拓展阅读】

忠孝两全的毕谌

三国时,有个有名的孝子叫毕谌,很受曹操的重用。当曹操在兖州平叛时,毕谌为别驾,即刺史佐史,这是地位较高的一个官职。

叛军张邈听说毕谌作为别驾与曹操一同来攻打兖州,他知道毕谌是个至孝之人,于是就把毕谌的老母、弟弟和妻儿劫持到了自己的阵营,然后派人将这一消息告诉了毕谌。毕谌听后忧心如焚,一时间不知如何是好。曹操得知了这一情况后,便对毕谌说:"你母亲现在被困在敌方,如果你去投奔张邈,解救你的母亲,我是不会怪你的。"毕谌以为曹操怀疑自己对他不忠,立即跪在地上向曹操叩头,表明自己的忠贞可比天地，绝无二心。深知毕谌为人的曹操被他感动得热泪盈眶。

然而，毕谌回到了自己的营帐后，一想到母亲在敌营受苦，他便心绪不宁，难以安眠。他想为人子女不能使母亲过得安适舒心，真是不孝极了，思来想去，他终于还是下决心逃到张邈的阵营去侍奉母亲。

后来，张邈被吕布所击败，毕谌被活捉了。大家都很担心这个骗了曹操眼泪的家伙会没命。谁知曹操见到毕谌非常高兴，他大声说道："孝顺父母是世间最高尚的美德！一个至孝的人是值得尊敬的，而毕谌就是这样的一个人啊。现在毕谌又要与我共事了，我真是求之不得啊。"曹操为嘉许毕谌孝顺，封他为鲁相。后人写诗来描述这段佳话："母被他人劫，何容不知归？阿瞒能礼士，忠孝两无违。"

谏诤^❶章第十五

jiàn zhèng zhāng dì shí wǔ

【原文】

zēng zǐ yuē ruò fú cí ài gōng jìng ān
曾子曰："若夫❷慈爱、恭敬、安

qīn yáng míng zé wén mìng yǐ gǎn wèn zǐ cóng fù
亲❸、扬名,则闻命❹矣。敢问子从父

zhī lìng kě wèi xiào hū zǐ yuē shì hé yán
之令❺,可谓孝乎?"子曰:"是何言

yú shì hé yán yú xī zhě tiān zǐ yǒu zhèng chén
与❻,是何言与?昔者,天子有诤臣

qī rén suī wú dào bù shī qí tiān xià zhū hóu
七人,虽无道❼,不失其天下;诸侯

yǒu zhèng chén wǔ rén suī wú dào bù shī qí guó dà
有诤臣五人,虽无道,不失其国;大

fū yǒu zhèng chén sān rén suī wú dào bù shī qí jiā
夫有诤臣三人,虽无道,不失其家;

shì yǒu zhèng yǒu zé shēn bù lí yú lìng míng fù

士有诤友,则身不离于令名❽;父

yǒu zhèng zǐ zé shēn bù xiàn yú bù yì gù dāng bù

有诤子,则身不陷于不义。故当不

yì zé zǐ bù kě yǐ bù zhèng yú fù chén bù kě

义,则子不可以不诤于父;臣不可

yǐ bù zhèng yú jūn gù dāng bù yì zé zhèng zhī cóng

以不诤于君。故当不义则诤之。从

fù zhī lìng yòu yān dé wéi xiào hū

父之令,又焉得为孝乎!"

【注释】

❶ 谏诤:直言规劝。

❷ 若夫:句首语气词。没有实际意义,为的是引发下文。

❸ 安亲:使父母安心。

❹ 闻命:明白或知道了(您的)教诲。

❺ 从父之令:听从父母的命令。

❻ 是何言与:与同欤,语气词,表示疑问。这是什么话?

❼ 无道:昏愦不明。

❽ 令名:好名声。

【译文】

曾子说:"关于慈爱、恭敬、安亲、扬名的意义,通过您的教诲我已经明白了。冒昧地再向您请教,做儿子的能听从父亲的命令,这是否也算是孝道了?"孔子急切地回答道:"这是什么话,这是什么话?从前,天子身边能有七位直言敢谏的大臣,即使他昏愦无道,也不会失去天下;诸侯身边能有五位直言敢谏的臣属,即使他昏愦不明,也不会失去他的俸禄;大夫身边能有三位直言敢谏的属下,即使他昏愦不明,也不会失去他的封宅;普通官吏身边能有直言敢谏的朋友,就不会失去好名声;父亲能有直言敢谏的儿子,就不会陷入不义之中。因此,当父亲不义时,那么做儿子的就不可以不去规劝父亲;当君主不义时,那么做臣子的就不可以不去规劝君主。所以,当面临不义时,就应该挺身而出、大胆规劝。如果儿子盲目地服从父亲的命令,又怎能算是守孝道呢!"

【拓展阅读】

韩休抗旨

唐玄宗时,有个宰相名叫韩休。他为人刚直,办事公正,以敢言直谏著称。有一次,万年县(今陕西西安)县尉李美玉犯了一点小罪,让唐玄宗知道了。玄宗非常气愤,下令要把李美玉充军到岭南去。韩休却认为对李美玉的这一处罚判得太重,不合当时的律法。就对玄宗说:"李美玉只不过是个小官,又没有犯什么大罪,不该把他充军到岭南。如今朝中有个大官,所犯罪行极为严重,却还没有依法处置,这不是太不公平了吗?"

玄宗听了,忙追问:"那个犯了重罪的大官是谁?"

韩休说:"就是左金吾大将军程伯献。他依仗陛下的恩宠,胡作非为,贪赃枉法。臣以为应先把程伯献依法治罪,然后再处罚李美玉。"

玄宗虽对程伯献的行为有所耳闻,但还是想要祖护他,就找借口说:"程伯献是个大将,可不能随便治罪呀!"

韩休依然坚持说:"李美玉犯了点小罪,尚且不能放过;程伯献犯了大罪,怎能不依法惩办!如果陛下不依法惩办程伯献,那么我也就不能接受陛下处罚李美玉的圣旨。"

玄宗见韩休抗旨不办,非常尴尬,最后只好听从韩休的意见,对程伯献依法进行治罪。

韩休经常向唐玄宗直言进谏,对政治时弊、不合理现象敢于大胆提出革除意见,据理力争。因此,玄宗有时也有几分怕他。每次在宫中宴饮或出外游玩,稍有过失时,玄宗总要问身旁的人说:"韩休知道没有?"不久,韩休的谏疏就跟着来了。身旁的人对玄宗说:"自从韩休任相以来,陛下老是不开心,为什么不撤掉他呢?"玄宗回答说:"韩休虽常与我争论,但有他做宰相,我就可以安心地睡觉了。"由此可见玄宗对他的赏识。

魏颗"逆"父遗嘱

春秋时期,晋国大夫魏武子有一个漂亮的爱妾,深得他的宠幸。有一次,魏武子生病了,他对儿子魏颗说:"我死后,你们一定要让她(指他的爱妾)嫁人。"不料,当魏武子病危临死的时候,他却突然变卦了,他把儿子唤到身边,叮嘱他说:"我死后,你们就把她殉葬,让她陪我去那边。"说完这句话,魏武子就断气了。

办丧事的时候,魏颗并没有把父亲的爱妾殉葬。旁人很不理解,问他为什么要忤逆遗嘱。魏颗回答说:"一个人病重的时候,难免会神志不清,说胡话,我当然得遵循他清醒时候的遗嘱。"后来,他还让父亲的爱妾改嫁了。他这种不盲目遵从父命的行为,深得人们的赞扬。

后来,魏颗做了晋国的将军。有一次,他带兵与秦国作战,秦军气势汹汹,难以抵挡,看来晋军的失败在所难免。就在魏颗愁眉不展之时,他看见一个老人正飞快地把战场上的茂草都打成结子。这位老人要做什么呢?魏颗大惑不解。然而接下来发生的事,却神奇般地扭转了战局:自以为必胜的秦军得意扬扬地挥舞着兵器冲上来,却没料到被草结绊住了,一个个跌倒在地。魏颗立即指挥士兵冲上去砍杀,晋军因此大获全胜。这天夜里,魏颗梦见了那个在战场上结草绳的老人,他对魏颗说:"你执行先人清醒时候的话,没有把我的女儿陪葬,而是让她改嫁了,我特以此作为报答!"

gǎn yìng　zhāng dì shí liù

感应❶章第十六

【原文】

　　子曰："昔者，明王❷事父孝，故
事天明❸；事母孝，故事地察❹；长幼
顺，故上下治。天地明察，神明彰
矣❺。故虽天子，必有尊也，言有父
也；必有先也，言有兄也。宗庙致
敬，不忘亲也。修身慎行，恐辱先
也。宗庙致敬，鬼神著❻矣。孝悌之

zhì　tōng yú shén míng　guāng yú sì hǎi　wú suǒ bù
至，通于神明，光于四海，无所不

tōng　　shī yún　　zì xī zì dōng　zì nán zì běi
通。《诗》云：'自西自东，自南自北，

wú sī bù fú
无思不服❼。'"

【注释】

❶ 感应：古人认为以虔诚可以感动神明，使神明回应。此指神灵对孝行的感应。

❷ 明王：圣明的君主。

❸ 天明：明白上天的命令。

❹ 地察：了解大地孕化万物的道理。

❺ 神明彰矣：获得神灵的庇佑。

❻ 著：显现功德。

❼ 无思不服：没人不服从。思，助词。

【译文】

孔子说："过去，那些先代明君，正由于侍奉父亲能尽孝道，所以才能虔诚地侍奉天帝，从而懂得天命；正由于他们侍奉母亲能尽孝道，所以才能虔诚地侍奉地神，从而明白大地孕化万物的道理；正由于他们能够遵从长幼之序，因此使上、下得到很好的治理。能了解天命，明白大地化育万物的道理，也就能获得所有神灵的庇佑。即使是贵为天子，也一定有比他更尊贵的人，那就是他的父亲；也一定有比他早出生的人，那就是他的兄长。到宗庙祭祀祖先极尽诚敬，这是不忘记父母的恩德。平时修身养性，谨慎自己的行为，这是担心因自己的过失而玷污了祖先的名声。到宗庙祭祀祖先能极尽诚敬，鬼神也必然会彰显他的功德。若孝悌至诚，就会感动神灵，育化四海的万民，无处不通达，无人不自动服从。《诗经·大雅》中说：'从西到东，从南到北，没人不服从。'"

[[拓展阅读]]

望陵毁观

唐贞观十年，长孙皇后去世，葬于昭陵。唐太宗悲恸不已，时常追忆与长孙皇后共同生活时的美好日子，思念之情难以释怀。于是，唐太宗便命人在禁苑之中修建了一座高高的观台，每当思念皇后时，他就登上高台，远眺昭陵。经过长时间的伫立怀想之后，心情就能稍稍好转。

有一天，唐太宗一时心血来潮，要有名的谏臣魏徵同他一起登上观台，遥望昭陵。魏徵觉得唐太宗的行为有失妥当，因为太宗的父亲唐高祖葬在献陵，而唐太宗却只字不提对高祖的悼念之情，全部心思只在皇后的身上，这显然不对。魏徵想要劝谏，可看到唐太宗悲痛的神态，他又于心不忍；但是不劝谏吧，又实在看不下去，也失了谏臣的本分。他想来想去，决定委婉地向唐太宗进谏。

当唐太宗朝昭陵方向观望时，魏徵故意朝着献陵的方向眺望，并长时间静默不语，唐太宗问他怎么了，魏徵回答

说："臣年老眼花，看不真切。"唐太宗便指着昭陵的方向让他再看。魏徵装出恍然大悟的样子说："臣以为陛下是因为思念太上皇而修此观台以眺望献陵，原来陛下说的是昭陵呀，臣早就看见昭陵了！"听魏徵提起父皇，太宗心有触动，不觉泪眼蒙眬。又细细琢磨了一下魏徵的话，自知行为不妥，随即命人拆掉观台，不再眺望昭陵了。

友爱兄弟

唐玄宗李隆基是个文武双全的皇帝，他开创了唐朝的鼎盛时期。唐玄宗还有个非常令人称道之处，就是对兄弟特别友爱。他初登帝位后，便让人制作了长枕宽被，与其他四个兄弟同榻而眠；饮食起居，都不分离。为了共享手足天伦之乐，唐玄宗还特意把兴庆坊的五王宅改建为兴庆宫，让兄弟们居住；随后，又建了花萼相辉楼，他经常登楼眺望兄弟们的住宅，或召集兄弟们来花萼楼宴饮玩乐。玄宗早朝时，四兄弟在侧门朝见，以行君臣之礼。等到退朝后，兄弟间马上就不分彼此了。他们一起出游打猎，或同在宫中赏乐观舞。兄弟中如果有谁生病了，玄宗就会非常焦虑，寝食难安。

有一次，玄宗的五弟——薛王李业身患重病。玄宗当时正在临朝听政，他闻讯后，赶紧派人探视病情，一会儿工夫，使者就往返了十次。退朝后，玄宗马上赶来探望，并亲自在炉火上为李业煎药，突然，一阵风吹来，炉火窜出，烧着了玄宗的胡须，左右的侍从急忙上前扑救，一个个吓得胆战心惊、惶恐不迭，玄宗却宽慰大家说："只要薛王服了此药可以痊愈，我这胡须就不足为惜了！"随从及薛王听了这话，都深受感动。

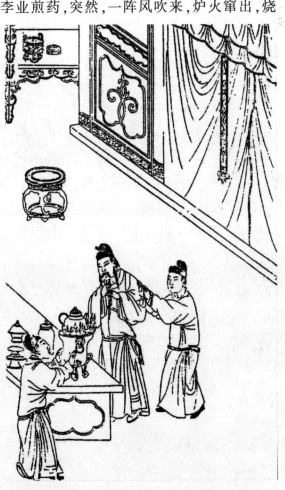

事君❶章第十七

【原文】

子曰："君子之事上❷也,进思
尽忠❸,退思补过❹,将顺其美❺,匡
救其恶❻,故上下能相亲也。《诗》
云:'心乎爱矣,遐❼不谓矣,中心❽
藏之,何日忘之。'"

【注释】

❶事君:事,侍奉。侍奉君主。

❷事上:上,君主。即侍奉君主。

68

❸进思尽忠:进,在朝为官。思,考虑。在朝为官必须考虑竭尽忠心。

❹退思补过:退,退职闲居家中。退职为民则考虑弥补自己的过失。

❺将顺其美:将,奉行、秉承。其,指代君主。美,即美德或美政。积极奉行君主的德政,并帮助他推行。

❻匡救其恶:匡正补救君主的过失。恶,缺点或过失。

❼遐:远。

❽中心:内心。

【译文】

孔子说:"君子侍奉君主,在朝为官时要考虑怎样竭尽忠心,退职为民后要考虑如何反省自身,弥补自己的过错,积极奉行君主的德政使其得以施行,匡正补救君主的过失,这样上下之间就能相亲相敬了。《诗经·小雅》中说:'心里有了热爱之情,尽管路远无法告诉他,也会把热爱藏在心里,什么时候都不会忘记。'"

【拓展阅读】

晏子劝君爱民

晏子是春秋时齐国的相国,不仅学识渊博,思维敏捷,而且常能巧妙地劝谏国君。在他辅政期间,他主动关心人民疾苦,并敢于当面批评国君的错误,为齐国的政治、外交等方面做出了很大的贡献。

有一年冬天,齐国下了三天三夜的大雪,天气冷极了。齐景公披着白狐狸皮的斗篷叫来晏子一起在宫殿里观赏雪景。齐景公让晏子坐在一旁，说道："难得与先生一起赏雪啊。"晏子没有答话。过了一会儿，景公又说道："真是奇怪，一连下了三天的大雪，可是一点也没有觉出冷来。"这时晏子追问了一句说："天气真的不冷吗？"经晏子一问，齐景公也觉得自己的话有些不对，不好意思地笑了笑。这时晏子又说道："我听说贤明的君主在自己吃饱的时候，会惦记着臣民是否挨饿；在自己穿暖的时候，会想到臣民是否寒冷；在自己享乐的时候，会想着劳苦的百姓是否也在享乐。现在您把这些全都忘记了。"齐景公听后忙说："您说得太对了，我明白了。"说完命令官员从国库里取出一些衣服和粮食发放给穷苦的人。

　　齐景公特别喜欢养鸟。一天景公得到了一只非常美丽的小鸟，他特别派一个叫烛邹的人专门喂养它。可是过了几天，小鸟却飞走了。齐景公大怒，要处死烛邹。这时站在一旁的晏子说："您可不可以让我先宣布烛邹的罪状，之后再杀他呢？"景公答应了。于是武士们把烛邹绑了过来。晏子绷起脸严厉地对他说："烛邹，你犯了死罪，你的罪状有三条：一、大王叫你养鸟，可是你却把鸟弄飞了；二、因为你把国君的鸟弄飞了，使得国君要动手杀人；三、如果这件事让人知道了，别人会以为国君重视鸟而轻视百姓，从而轻视齐国。因为这三条罪状所以国君要处死你。"听到这里，齐景公明白了晏子是在责备自己。于是他干咳了两声说："算了，还是把他放回去吧。"接着景公又对晏子说："若不是您的及时提醒，我险些犯了大错啊！"

丧亲^❶章第十八

〖原文〗

子曰："孝子之丧亲也，哭不偯^❷，礼无容^❸，言不文^❹，服美不安^❺，闻乐不乐，食旨不甘^❻，此哀戚^❼之情也。三日而食^❽，教民无以死伤生^❾，毁不灭性^❿，此圣人之政也。丧不过三年，示民有终也。为之棺、椁、衣、衾而举之^⓫；陈其簠、簋^⓬而哀戚之；擗踊⑬哭泣，哀以送之；卜其宅兆⑭，而安措⑮之；为之宗庙⑯，以鬼享之；春秋⑰祭祀，以时思之。生事爱敬，死事哀戚，生民之本尽矣，死生之义⑱备矣，孝子之事亲终矣。"

【注释】

❶ 丧亲：失去父母，此指父母死去。

❷ 哭不偯：偯，拖长哭的余声。指不讲究拿腔拿调地哭泣。

❸ 礼无容：不讲究仪容姿态。

❹ 言不文：说话不讲究文采。

❺ 服美不安：穿着华丽的衣服会内心不安。

❻ 食旨不甘：食，吃。旨，美食。不甘，不觉得好吃。

❼ 哀戚：悲痛或哀伤。

❽ 三日而食：古代的行孝方式，即父母去世三天以后，孝子就应该吃饭。

❾ 死伤生：因父母的亡故而伤害了自己(孝子)的身体。

❿ 毁不灭性：因哀痛而使身体消瘦，但却不可危及生命。

⓫ 棺、椁、衣、衾而举之：棺，即棺材。椁，即棺材外面的套棺。衣，即死人穿的寿衣。衾，即死人的铺盖。举之，即抬起，此处指将包殓好的尸体抬起来安放在棺椁之中。

⓬ 簠、簋：古代在灵堂设置的用来装黍稷等谷物的器具。

⑬ 擗踊：捶胸顿足。形容极度哀伤。

⑭ 卜其宅兆：宅，即指墓穴。兆，即陵园。用占卜的方法来为死者选择墓穴的地点。

⑮ 安措：安置。

⑯ 为之宗庙：为死去的父母建立宗庙。

⑰ 春秋：古代每年在春秋二季祭祀先人。

⑱ 死生之义：生养死送的大义。

【译文】

孔子说："孝子在父母去世时，痛哭不讲究腔调，礼仪不像平时那么讲究，说话也不注重文采，穿着华丽的衣服心里会感到不安，听了音乐也不会快乐，吃了美味也感觉不到甘美，这些就是哀伤的具体表现。父母亡故三天后，孝子就要开始正常的饮食，这是教化民众不要因父母的去世，而伤害到自己的身体，虽因悲痛而消瘦，但不可危及到自己的生命，这是圣人的政教。守丧期不可超过三年，让民众都知道丧期是要有终结的。作为孝子，当父母去世以后，应该为死者置办棺材、外棺、寿衣及铺盖，包殓尸身后抬入棺中，然后在灵堂陈设装着谷物的器皿，以寄托生者的哀伤。之后，在捶胸顿足、号啕大哭的悲痛中，送亡魂上路，用占卜的方法选择好墓穴与陵园，把棺椁安放进去。当一切做完后，再为死者建立宗庙，以祭祀鬼神的礼仪来祭奠亡魂，在春、秋两季的祭祀中，追念亡故父母的恩德。在父母活着的时候，要怀着敬爱、恭敬的心情侍奉他们，当父母去世后，要怀着悲痛哀戚的心情为他们操办丧事，这样才算尽到了做儿女的本分，生养死送的大义才算完备，孝子才算尽到了侍奉双亲的孝道。"

【拓展阅读】

感 及 禽 兽

南朝时期,梁国有个名叫司马暠(gǎo)的人,他是梁武帝的表侄儿。十二岁的时候,他的母亲去世了,他非常悲伤。一天入宫,梁武帝见他神色忧戚,面容憔悴,心里顿时非常怜惜,叹息不已。梁武帝对司马暠的父亲说:"我看暠儿比以前消瘦了许多,真叫人心疼,他对母亲的感情这么深,真是个孝顺的孩子,说明你教子有方呀。"

司马暠长大后,官至正员郎,他为官兢兢业业,勤于吏治,对父亲也极其孝顺。后来,父亲去世了,他更是悲痛万分。安葬完父亲后,他在父亲的墓旁建了一座茅草屋为父守丧。每天,他只吃些清淡的粥饭,聊以维持生命。据说,在司马暠为父守丧的三年里,豺狼虎豹纷纷离去,却有两只斑鸠常来跟他做伴。这两只斑鸠温顺善良,非常可爱,还在墓旁的树上筑窝居住呢。后来有人以诗赞道:

稚齿遽丁艰,何堪服阙扆。

鸠来豺虎去,孝德薄云山。

di zǐ guī
弟子规

一、总叙

【原文】

dì zǐ guī   shèng rén xùn
弟子❶规❷，圣人训❸：

shǒu xiào tì   cì jǐn xìn
首孝悌，次谨信，

fàn ài zhòng   ér qīn rén
泛❹爱众，而亲仁❺，

yǒu yú lì   zé xué wén
有余力，则学文❻。

【注释】

❶弟子：旧时对学生的称谓。

❷规：此指做人的道理和规范。

❸训：教诲。

❹泛：广泛。

❺仁：有德行的人。

❻ 文:圣贤典籍。

〖译文〗

《弟子规》是圣人对学生的教导:首先要孝敬父母,尊敬兄长,其次要言行谨慎,处事诚信。要博爱众人,亲近有德行的人。如果以上都做到了,还有多余的心力,就去学习圣贤典籍。

二、入则孝 出则悌

èr rù zé xiào chū zé tì

【原文】

父母呼❶,应勿缓;
fù mǔ hū　yìng wù huǎn

父母命❷,行勿懒。
fù mǔ mìng　xíng wù lǎn

父母教❸,须敬听;
fù mǔ jiào　xū jìng tīng

父母责❹,须顺承❺。
fù mǔ zé　xū shùn chéng

【注释】

❶ 呼:呼唤。

❷ 命:命令。

❸ 教:教导。

❹ 责:责备。

❺ 顺承:恭顺地接受。

78

【译文】

　　听到父母的呼唤,应该马上答应;父母命令做的事情,应立即执行,不要偷懒。

　　父母的教导,一定要恭敬仔细地倾听;父母的责备,一定要顺从地接受。

【原文】

dōng zé wēn　　xià zé qìng
冬则温,夏则清❶;

chén zé xǐng　　hūn zé dìng
晨则省❷,昏则定❸。

chū bì gào　　fǎn　bì miàn
出必告,反❹必面❺;

jū yǒu cháng　　yè　wú biàn
居有常❻,业❼无变。

【注释】

❶ 清:凉。

❷ 省:问候。

❸ 定:安定。指侍候父母安睡。

❹ 反:通"返"。回来。

❺ 面:面见父母,指问候。

❻ 常:固定。

❼ 业:职业。

　　冬天寒冷时为父母温暖床铺,夏天炎热时让父母清爽凉快;早晨起床后向父母问安,晚上就侍候父母安睡。

　　出门时一定要告诉父母,回来后一定要面见父母;居住在固定的地方,职业不要经常变化。

[[拓展阅读]] ┈┈┈┈┈┈┈┈┈┈┈┈┈┈┈┈┈┈┈┈

黄香扇枕温席

　　黄香,字文疆,东汉江夏人,曾任魏郡太守。魏郡遭受水灾时,黄香尽其所有赈济灾民,备受百姓称道。

　　黄香从小孝顺父母。他九岁时,母亲去世。从母亲生病时起,小黄香就一直不离左右地照顾母亲。母亲去世后,他因思念母亲而悲痛万分,再加上服侍病母过度劳累,小黄香变得非常憔悴。但他想到自己已经失去了母亲，则更应该多关心和照顾好父亲。于是，黄香便把全部的精力都用来服侍父亲，无论家里的活儿多累多苦，他都亲自动手去做，一心一意地关心照顾父亲。夏天天气炎热，蚊子特别多，为了让父亲睡好觉，黄香就用扇子把父亲要睡的枕头和床铺扇凉，再把蚊子扇跑，使父亲能够安睡。冬天天气寒冷，家里又没有多余的柴木取暖，为了让父亲夜里不受冻，黄香便在父亲睡觉前，脱去自己的衣服，钻进父亲的被窝，用自己的体温为父亲暖席，等把被褥焐热以后，再让父亲睡下。

　　黄香的种种孝行，被太守刘护知道了，刘护便把黄香的行为事迹表奏给了朝廷，朝廷得知后，对黄香加以褒奖。后来，传有"天下无双，江夏黄香"的民谣，一时间，黄香名扬天下。直到现在，黄香"扇枕温席"的故事仍被人们传为佳话。

【原文】

shì suī xiǎo　　wù shàn wéi
事虽小，勿擅为；
gǒu shàn wéi　　zǐ dào　kuī
苟擅为，子道❶亏。
wù suī xiǎo　　wù sī cáng
物虽小，勿私藏；
gǒu sī cáng　　qīn xīn shāng
苟私藏，亲心伤❷。

【注释】

❶ 子道:做子女的行为规范。

❷ 亲心伤:亲,父母。指使父母伤心。

【译文】

即使是小事,也不要擅自做主;如果擅自做主了,就不合乎做子女的行为规范。

即使是很小的物品,也不要私自藏起来;如果私自藏了,一定会使父母伤心。

【原文】

qīn suǒ hào   lì   wèi jù
亲所好,力❶为具❷;

qīn suǒ wù   jǐn   wèi qù
亲所恶,谨❸为去。

shēn yǒu shāng   yí   qīn yōu
身有伤,贻❹亲忧;

dé yǒu shāng   yí   qīn xiū
德有伤,贻亲羞。

qīn ài wǒ   xiào hé nán
亲爱我,孝何难?

亲恶我,孝方贤。

qīn wù wǒ xiào fāng xián

【注释】

❶ 力:尽心尽力。

❷ 具:准备。

❸ 谨:谨慎小心。

❹ 贻:遗留,留下。

【译文】

父母所喜欢的,尽力为父母准备齐全;父母所厌恶的,谨慎小心地为父母除去。

身体受了伤,会给父母带来忧愁;品行不好,就会使父母蒙受羞辱。

父母疼爱我,我孝敬父母有什么难的呢?父母讨厌我,我还能尽孝道,这才是真正的孝道。

【拓展阅读】

恣蚊饱血

晋朝时有一个叫吴猛的人,是个孝子。通常七八岁的小孩子还在父母的庇护下撒娇,而吴猛七八岁时就已经懂得如何孝敬父母了。

吴猛家境非常贫寒，一家人住在偏僻落后的乡村。吴猛家的房子又破又旧，坐落在小河边，入夏后蚊子非常多，可家中又穷得买不起蚊帐。所以每逢夏夜，满屋的蚊子乱飞，发出讨厌的嗡嗡声，每晚都叮得父母全身是包。父母为了不让吴猛被咬，总要轮流替他轰蚊子，因为睡不好觉，以至于眼睛里经常布满血丝。

吴猛发现父母的眼睛里老是布满血丝，红红的，没有一点儿精神。他很奇怪，想知道为什么。后来经过多次细心的观察，吴猛发现了原因。吴猛非常心疼父母，很是着急。他想：父亲每天都起早贪黑地到外面干活儿，已经被炎炎烈日晒得头昏脑涨、筋疲力尽了，回来后应该好好休息，睡一觉，第二天才有精神和体力继续干活儿。而母亲也要很早就到外头去帮佣，以便赚一点儿钱贴补家用，劳累了一天的母亲也已经疲惫不堪，同样应该好好休息。可都因为被蚊子叮而睡不好。自己

应该怎样做才能帮父母分担一些呢?

他想来想去,最后决定:干脆就把衣服脱掉,先去躺在床上,任凭屋子里的蚊子来叮咬他。尽管密密麻麻的蚊子咬得他痛痒难忍,但他依然坚持着不将蚊子赶走,认为只要蚊子吃饱了就不会去叮咬父母,而他的父母也就能美美地睡上一个好觉了。

就这样,吴猛每天晚上坚持用自己的血喂蚊子,虽然浑身是包,又痛又痒,但一想到能让父母好好休息,他心里就高兴极了。几天后,他的父母终于发现了这个秘密,他们心疼地搂着小吴猛,告诉他不要再做傻事。

这件事传到了同乡的耳朵里,大家都被吴猛的孝心所感动,于是,吴猛恣蚊饱血的故事被人们广为传颂。

芦衣顺母

春秋时期,鲁国有个姓闵名损、字子骞的人,是孔子的弟子。他在孔门中德行与颜渊并称。在闵损很小的时候他的母亲就不幸过世了。父亲娶了后妻,后妻又连续生了两个弟弟。因为闵损不是她亲生的,所以后母对待他与对待另两个孩子非常不同。每年冬天,后母都要为这几个孩子缝制棉衣,她虽不情愿为闵损缝制冬衣,但又怕闵损的父亲不依,于是她就想出了一个办法:用棉花给自己亲生的两个孩子做棉衣,两个小孩子就算是在户外玩耍小脸也是暖乎乎、红扑扑的;而给闵损做的棉衣里面却絮的是不能御寒的芦苇絮。数九寒天,寒风刺骨,闵损穿着芦花衣,经常被冻得四肢僵硬、脸色发紫。但是,他一点儿也没有抱怨他的后母。

　　在一个异常寒冷的日子里，闵损的父亲外出办事，要闵损驾马车。闵损身上穿着用芦苇絮做的衣服，驾车行驶在冰天雪地里，不一会儿，他的双手就冻僵了，嘴唇也冻紫了。一阵寒风吹过，闵损已经冻得僵直的手实在没法抓紧缰绳，一失手，缰绳滑落，马车失控了，险些翻进沟里。

　　闵损的父亲坐在后面看到这些，他心想：这么大了连马车都驾不好，这孩子太没出息了！于是他气不打一处来，

下车没问情由，拿起马鞭朝着儿子就抽了一鞭。他这一鞭下手太重了，竟把闵损的衣服抽裂了一个口子，棉衣里的芦苇絮从裂口飞了出来。他父亲非常奇怪，于是上前一把扯开了闵损的衣襟，看清楚后他顿时脸色大变。原来，闵损的"棉衣"里全都是一团团的芦苇絮，没有一丝棉花！这样寒冷的天气，闵损怎么能忍受得了呢！父亲看到自己的孩子在三九天里受这样的苦，不禁责备起自己来：是自己没有尽到做父亲的责任啊！想到这儿，他不禁老泪纵横。

传统文化图文本

他没有想到，同床共枕的妻子竟然如此狠心地对待这个没妈的孩子。他当即掉转车头回家。到家后，他叫来妻子，指着闵损衣服里的芦苇絮厉声问她这是怎么回事，并怒气冲冲地要把后妻赶出家门。闵损听后"扑通"一声跪在地上，含泪抱着父亲说："父亲不能这样做啊！现在母亲在这里，只有我一个人寒冷，可是如果母亲离开家，三个孩子就都要受冷挨饿了。"

闵损的后母看到闵损非但不记恨她，反而还为她求情，内心深受触动，她对自己的行为相当后悔，表示以后要把闵损当成自己的孩子一样去爱护。闵损的这番话使父亲也非常感动，他也不忍心让这几个孩子没有人照料，于是决定不再赶他的后妻走了。

后来，人们都用"母在一子寒，母去三子单"这句话来赞美闵损的孝心孝行。孔子也赞扬闵损说："孝哉，闵子骞！"

【原文】

qīn yǒu guò   jiàn   shǐ gēng
亲有过，谏❶使更❷；
yí wú sè róu wú shēng
怡❸吾色，柔❹吾声。
jiàn bù rù yuè fù jiàn
谏不入，悦❺复谏，
háo qì suí tà wú yuàn
号泣随，挞❻无怨。

【注释】

❶ 谏：规劝。

❷ 更：改正。

❸ 怡：和悦。

❹ 柔：柔和。

❺ 悦：高兴，欢喜。

❻ 挞：鞭打。

【译文】

父母有了过错，应该进行规劝使其改正；规劝时要和颜悦色，说话的声音要柔和。

如果子女的劝谏父母没有听进去，要等父母情绪好时再加以规劝。若父母仍固执不改，孝子会哭泣着跟随规劝，即使父母生气了打子女，子女也不应有怨言。

【拓展阅读】

李世民阻父拔营

唐太宗李世民是历史上一位很有政绩的皇帝。因为当时天下很乱，所以他在年纪很小的时候，就随着父亲唐高祖李渊一起到处平定叛乱。

一次，李世民听说父亲李渊决意要连夜拔营攻打另外一个地方。他赶忙求见父亲，并劝谏说："如果我们这样做，

成功的机会是非常小的。因为我们正面攻打时,很可能敌人会在我们后方设下伏兵,乘我军后方薄弱而前后夹击,这样反而对我军不利。"当时虽然他再三劝谏,但他的父亲依然没有采纳他的建议。

眼见明天父亲就要率领全军出发了,李世民在帐篷外面号啕大哭,而且哭得非常伤心。他为什么很伤心呢?因为具有非凡军事才能的李世民早已判断出,父亲这个决定是错误的,甚至会造成全军覆没的惨祸。李渊在大帐里听到外面有很大的哭声,而且哭得非常伤心,于是,他就走出去观看。当他看到是自己的儿子在那里哭泣,就问李世民是什么事情让他哭得这样伤心。李世民就又一次劝阻父亲不要拔营。他说他希望能阻止父亲的这一军事行动,但是因为父亲不能采纳他的建议,他非常难过,所以才会在这里伤心哭泣,随后将自己的理由说了出来。李渊听他分析得很有道理,而且言辞又这么中肯,就及时停止了这项军事行动。

后来,事实证明李世民的判断是正确的。就这样唐高祖在儿子李世民的协助下,最终平定了各地的贼寇,奠定了唐朝的基业。

曾子耘瓜受杖

　　曾子,姓曾名参,字子舆,春秋末年鲁国南武城人。他出生于一个没落的贵族家庭,为人孝顺。曾参少年时就开始参加农业劳动,每天早晨雄鸡三唱,农夫们纷纷下地的

时候,他就随着父亲曾皙拿着锄头走出大门。

　　一天早晨,曾参跟随父亲来到山脚下的瓜地里,锄瓜田里的杂草。曾皙指着长得翠绿而茁壮的瓜苗,以教诲的口吻对曾参说:"今天你学习怎样锄地,锄地下锄要稳,拉锄要匀,一定不能毛手毛脚。"他一边说一边做示范。曾参也很用心地学习,小心翼翼地耘瓜。

　　曾参初学乍练,动作非常生硬,手脚配合得也不协调。他看到父亲在前面熟练地锄着,而自己却被远远地落在了后面,很是着急,于是奋力追赶。稍一不慎,一棵肥壮的瓜

苗被锄掉了，他不禁大惊失色。曾皙回头一看，十分生气，顺手拿起木杖就朝曾参头上打去。曾参没有逃避，而是顺从地趴倒在地，任凭父亲责打。

曾母听说儿子挨打，急忙跑到田间，心痛地抱起儿子。

曾参忍住疼痛，劝慰母亲说："请母亲不要难过，爹爹教训得是！是参儿不小心，才惹爹爹生气的。"听着曾参的劝慰，母亲的泪水止不住地流下来，她不仅是心疼儿子，更是为儿子的懂事而欣慰。

晚上回家之后，曾皙的怒气也已平息了。他担心自己下手太重打伤了儿子，便悄悄到书房门外窥视。曾参听到脚步声，知道是父亲不放心过来探望。于是他忍住疼痛，坐了起来，抚琴而歌。曾皙看到儿子这个样子，才放下心来，缓步走回屋去。

【原文】

qīn yǒu jí　yào xiān cháng
亲有疾，药先尝；

zhòu yè shì　bù lí chuáng
昼夜侍，不离床。

sāng sān nián　cháng bēi yè
丧三年，常悲咽。

jū chù biàn　jiǔ ròu jué
居处变❶，酒肉绝。

sāng jìn lǐ　jì jìn chéng
丧尽礼❷，祭❸尽诚。

shì sǐ zhě   rú shì shēng

事死者，如事生。

【注释】

❶ 居处变：在古代，孝子在父母去世后，就会在其坟墓旁建一个围庐，在那里居住。

❷ 丧尽礼：守丧要合乎礼法。

❸ 祭：祭祀。

【译文】

父母有病时，煎好的药子女要先尝一尝；日夜精心照料，不可以离开太远。

父母去世后要守丧三年，因思念亲人而经常悲伤痛哭；孝子为父母守丧，常在父母的坟旁建围庐而居，并且不喝酒、不吃肉。

守丧要合乎礼法，祭祀时要诚心诚意；对待去世的父母，要像父母在世时一样恭敬孝顺。

【拓展阅读】

汉文帝亲尝汤药

公元前202年，刘邦建立了西汉政权。刘邦的三儿子刘恒，即后来的汉文帝，是一个有名的大孝子，以仁孝之名闻于天下。

有一次，刘恒的母亲患了重病卧床不起，这可急坏了刘恒，刘恒立即找来医生为母亲诊治，然而母亲的病情不但没见好转，而且一病就是三年。在母亲卧病的三年里，刘恒常常目不交睫、衣不解带。他亲自为母亲煎药，每次煎完，总是自己先尝一尝，看看汤药苦不苦、烫不烫，自己觉得合适了，才给母亲喝。母亲所服的其他汤药，他也要亲口尝过后才放心让母亲服用。他侍奉母亲从不懈怠，三年间，一直倾尽全力。

刘恒孝顺母亲的事，在朝野上下广为流传，有诗颂曰：仁孝闻天下，巍巍冠百王。母后三载病，汤药必先尝。

汉文帝刘恒在位24年，重德治，兴礼仪，注重发展农业，使西汉社会稳定，人丁兴旺，经济得到恢复和发展，他与汉景帝的统治时期被誉为"文景之治"。

王裒（póu）泣墓

三国时期，魏国有一个叫王裒的人，非常孝顺。他自幼饱读诗书，学识渊博。王裒的父亲王仪曾在魏国为官，是一个有正义感、敢于直言进谏的人。一次晋文帝御驾亲征，在这次战役中，朝廷死了很多士兵。文帝上朝的时候，要大家分析这次战役失利的原因。朝中文武都知道就是因为文帝指挥不当，但是没有人敢说。唯独王仪大胆指出战役失利的责任主要在于主帅指挥不当。文帝听后大怒，将王仪处死。王裒得知父亲冤死，非常难过。为此，他隐居乡里以教书为业，并决心终身不再面向西坐，以表示永不为晋朝之

臣。朝廷虽屡次征召他出来为官，可是王裒面对金钱名利的诱惑，始终不为所动。

王裒对母亲也百般孝顺。只要是母亲的事情就亲力亲为，体贴入微。母亲过世后，他非常悲痛。母亲生前胆子小，最怕打雷。所以每当风雨交加、雷声隆隆的时候，王裒就会很伤心地飞奔到母亲的坟墓前，哀泣着说："孩儿就在此地，母亲不要害怕。"

正因为王裒这么孝顺，所以每当他授课读到"哀哀父母，生我劬（qú）劳"时，他就非常难过，常常潸然泪下，有时甚至难过到没有办法继续教授学生。他的孝行为学生们做出了表率，更受到了后人的敬仰。

曾子思母吐鱼

春秋时的贤人曾参不仅年少时勤劳孝顺，在父母过世后，他每每思及勤苦一生的父母，也常是悲伤不已。

有一天，曾参在自家的院里侍弄花草。曾妻从门外提来了两条鲜鱼。因为曾参最爱吃生鱼，所以妻子精心制作后放进大碗里，摆在桌子正中间，并在周围放好了佐料。曾参的大儿子曾元、二儿子曾申趴到桌旁，垂涎欲滴。曾参的妻子呵斥说："孩子们不可以乱动，要等你爹爹回来一起吃。"

曾元、曾申听后，立刻跑到院里拍手叫喊："爹爹回来吃生鱼，爹爹回来吃生鱼!"说话间，曾参也回到家里。曾元、曾申都迎上前去施礼。这时曾妻高高兴兴地告诉他说："我知道夫子爱吃生鱼，今天我又学了一道新式的做法，还不知您是否喜欢，快过来尝一尝吧。"接着，她把做法和吃法向曾参说了一

遍。曾参应声答道："一定会喜欢的!"说罢，便居中坐下，两个儿子坐在两边。曾妻将饭菜摆放整齐后，一家人欢欢乐乐吃起饭来。

曾妻做的生鱼真是美味可口，曾参吃在嘴里，喜悦之情溢于言表。但是，他的脸色突然变得

难看极了,随后,"哇"的一下,把吃进去的鱼又全都吐了出来。曾妻一看,大为吃惊,惶恐不安地问道:"夫子,生鱼不好吃吗?"曾参眼含热泪说:"不是这个缘故。我的老母生前不知生鱼美味,今天生鱼虽然美味,我却独自品尝,真是不孝啊!"此后,他终生不再食生鱼。

[[原文]] ⋯⋯⋯⋯⋯⋯⋯⋯⋯⋯⋯⋯⋯⋯⋯⋯⋯⋯⋯⋯⋯⋯⋯⋯⋯⋯⋯⋯⋯⋯

xiōng dào yǒu　dì dào gōng
兄道友,弟道恭❶;

xiōng dì mù　xiào zài zhōng
兄弟睦❷,孝在中。

cái wù qīng　yuàn hé shēng
财物轻,怨何生?

yán yǔ rěn　fèn zì mǐn
言语忍❸,忿自泯❹。

[[注释]] ⋯⋯⋯⋯⋯⋯⋯⋯⋯⋯⋯⋯⋯⋯⋯⋯⋯⋯⋯⋯⋯⋯⋯⋯⋯⋯⋯⋯⋯⋯

❶ 恭:恭敬。

❷ 睦:和睦。

❸ 忍:忍让。

❹ 泯:消失。

[[译文]] ⋯⋯⋯⋯⋯⋯⋯⋯⋯⋯⋯⋯⋯⋯⋯⋯⋯⋯⋯⋯⋯⋯⋯⋯⋯⋯⋯⋯⋯⋯

　　兄长要善待弟弟,弟弟要尊敬哥哥;兄弟关系和睦,孝

传统文化图文本

道就包含在其中了。

彼此把财物看得很轻，哪里还会产生怨恨呢？言语之间彼此忍让，愤恨自然就会消失。

[[拓展阅读]]

兄 弟 共 被

汉朝的时候，有个人姓姜名肱。他有两个弟弟，一个叫姜仲海，另一个叫姜季江。他们兄弟三人非常友爱，而且他们都以孝行闻名乡里。

姜肱每天都要和弟弟们一起读书，下课后又一起温习功课、玩耍，还一起帮家里做家务事。最难得的是三个兄弟缝了一床大棉被，每天都睡在一起，形影不离。直到他们长大后各自有了家室，才不得不分开居住。姜肱常说："兄弟能和睦相处，父母会非常高兴。父母与子女原本就是一体的，兄弟姐妹就好比是手足四肢，父母如同身躯，身躯与四肢能互相搭配，这样才健全。"

有一次，姜肱跟他的二弟一同去京城，结果半夜遇上了强盗。月光下，强盗面目狰狞，手里的匕首泛出幽幽寒光，看了叫人不寒而栗。强盗嚣张地晃着明晃晃的匕首一步步逼近蜷缩在一起的两兄弟。突然，哥哥推开弟弟，上前一步说："我弟弟还小，我是做哥哥的，你们要杀就杀我吧，希望你们放我弟弟一条生路，不要伤害他。"听了这话，弟弟立即从后面走上前来说："不！你们不可以伤害我哥哥，还是杀我吧!"兄弟俩都争着让对方活着。他们想到兄弟就要生离死别了,禁不住抱在一起痛哭流涕。其实那些强盗也不是铁石心肠,他们也是因饥寒交迫才起了歹心的。他们被姜肱兄弟的手足深情所感动,强盗说道:"我们今天终于见到什么叫亲情了!"于是抢了一些财物便匆匆离开了。

第二天,兄弟俩进了京城,找到了要拜访的人。这家人看到姜肱兄弟衣冠不整,就问他们是不是出了什么事,为什么会如此狼狈。姜肱盼望强盗能改过向善,于是他就找了一个借口避开了被抢的这一段经历,绝口不提这件事。后来事情辗转传到了强盗的耳朵里,他们知道了姜肱没有揭发他们的行为,非常感激,并且悔恨交加,就跑去拜见姜肱,把抢来的财物还给了姜肱,并表示要痛改前非。

姜肱兄弟的友爱与仁德不仅感化了周围的人,也感化了强盗。于是后人称赞道:居常共被眠,遇难争相死。试问同胞人,几个能如此?

【原文】

huò yǐn shí　huò zuò zǒu
或饮食,或坐走;
zhǎng zhě xiān　yòu zhě hòu
长者先,幼者后。
zhǎng hū rén　jí dài jiào
长呼人,即代叫❶;
rén bù zài　jǐ jí dào
人不在,己即到。

【注释】

❶ 即代叫:就代为呼叫。

【译文】

无论是吃饭,还是起坐行走,都应让年长的人先行,年幼的人恭顺地跟在后面。

(听到)长者呼唤别人,自己应立即代为呼叫;如果要找的人不在,自己应马上赶到长者那里听候吩咐。

【原文】

chēng zūn zhǎng　　wù hū míng
称尊长,勿呼名❶;
duì zūn zhǎng　　wù xiàn néng
对尊长,勿见能❷。
lù yù zhǎng　　jí qū yī
路遇长,疾趋揖❸;
zhǎng wú yán　　tuì gōng lì
长无言❹,退恭立。
qí xià mǎ　　chéng xià chē
骑下马,乘下车;
guò yóu dài　　bǎi bù yú
过犹待❺,百步余。

【注释】

❶ 呼名:直呼其名。

❷ 勿见能:不要炫耀自己的才能。

❸ 疾趋揖:马上跑过去行礼。

❹ 无言:没有说话。

❺ 过犹待:过去后还要等一会儿。

【译文】

称呼尊长时,不要直呼其名;在尊长面前,不要炫耀自己的才能。

在路上遇到了长辈,要快步向前去施礼请安;如果长辈没有说话,要退在一边恭敬地站立。

在路上遇到长辈,自己如果骑着马,就要下马;如果坐着车,就要下车;长辈走过去后还要在原地等一会儿,等长辈走远约百步后再动身。

【拓展阅读】

大腹便便

东汉时期,有个文人叫边韶,字孝先。他不仅文章写得非常好,而且思维敏捷,能言善辩,在当时非常有名气。他在出仕为官以前,一直以开学馆、教书育人为职业,在他所开的学馆里有学生数百人。

边韶是个身体肥胖的人,肚子特别大,行动自然也就迟缓,喜静不喜动。平日里,他要求学生勤学苦读,可自己却常常大白天在一边躺着闭目养神。学生们对此很不理解,心想,老师总是要我们勤学苦读,可他自己却不以身作则。于是,便在暗地里给他编了一首歌谣:"边孝先,腹便便(pián pián),懒读书,但欲眠。"

后来,这首歌谣传到了边韶耳朵里。他很理解学生们的心理,所以他也没有生气,心想,我正好也借此来教育一下学生们。于是,他也编了一首歌谣回敬学生:"边为姓,孝为字。腹便便,五经笥(sì)。但欲眠,思经事。寐与周公通梦,静与孔子同意,师而可嘲,出何典记?"他用这首歌谣表白自己:肚子大是因为装满了五经,爱睡觉是在利用这段时间思考经书上的内容。

学生们听了老师的歌谣后,都为自己不尊敬老师的行为而感到羞愧,也对老师的文思敏捷深为敬佩。

【原文】

zhǎng zhě lì yòu wù zuò
长者立,幼勿坐;

zhǎng zhě zuò mìng nǎi zuò
长者坐,命乃坐❶。

zūn zhǎng qián shēng yào dī
尊长前,声要低;

dī bù wén què fēi yí
低不闻,却非宜。

jìn bì qū tuì bì chí
进必趋❷,退必迟;

wèn qǐ duì shì wù yí
问起❸对,视勿移。

【注释】

❶ 命乃坐:命令坐才坐下。
❷ 趋:小步快走,表示恭敬。
❸ 起:站起来。

【译文】

长辈站着,晚辈不要坐下;长辈坐下后,命令晚辈坐,才能坐下。

在长辈面前,说话声音要低;但如果低得听不见,也是不可以的。

上前拜见长辈时动作一定要快，告退时动作要缓慢；长辈问话时要站起来回答，眼神注视长辈，不要左顾右盼。

【拓展阅读】

以 子 易 侄

　　三国时期有个叫张范的人，是太尉张延的儿子。建安十三年，张范被曹操聘为议郎，参丞相军事，受到曹操的敬重。每次出征，曹操都派他和邴(bǐng)原辅助曹丕。张范生性恬静，待人诚恳，重情重义又机敏聪慧。

　　一次，张范的儿子张陵及张承的儿子张戬被山东贼人抓去了。张范知道后，心急如焚，当即赶往贼窝，直指贼人，要求归还两个孩子。没想到贼人只同意归还张范的儿子张陵,却拒绝归还张承的儿子张戬。见此情景,张范对众贼人说:"我很爱我的儿子,各位并未薄待我的孩子,并肯将他归还于我。按道理来讲,我应十分感激,立刻带他回家,而不应该再有所要求才是。但我又顾念我的侄儿张戬。他的年纪太小,所以我想用我的儿子来换回我的侄子,希望你们能予以成全。"众贼人听后,都被他这种大义的行为所感动,于是将这两个孩子全都放了回来。

张范在性命攸关的时候能做出以子易侄的决定,不仅在随机应变中透出大义,诚恳中透出机敏,更让人看到了他的忠厚仁德,因而受到后人的称颂。

【原文】

shì zhū fù　　rú shì fù
事诸父❶,如事父;

shì zhū xiōng　　rú shì xiōng
事诸兄❷,如事兄。

【注释】

❶诸父:指伯父、叔父等父辈人。
❷诸兄:指堂兄、表兄等平辈的兄长。

【译文】

对待伯父和叔父,要像对待生身父亲一样;对待堂兄、表兄,要像对待自己的亲兄长一样。

sān jǐn ér xìn
三、谨而信

【原文】

zhāo qǐ zǎo　yè mián chí
朝起早，夜眠迟；

lǎo yì zhì　xī cǐ shí
老易至，惜此时。

chén bì guàn　jiān shù kǒu
晨必盥❶，兼漱口；

biàn niào huí　zhé jìng shǒu
便溺❷回，辄❸净手。

【注释】

❶ 盥：洗手，洗脸。

❷ 溺：同"尿"，小便。

❸ 辄：就，立即。

〖译文〗

　　早晨要早起,夜间要晚睡。人生短暂,老年时光很容易就会到来,所以要珍惜现在的时光。

　　早晨起床后一定要洗脸洗手,并要刷牙漱口。大小便之后,应立即把手洗干净。

〖拓展阅读〗

匡衡凿壁借光

　　西汉时期有个著名的经学家叫匡衡,字稚圭,东海承(今山东枣庄)人。他小时候家里很穷,上不起学,也买不起书,但他又是个勤学上进的人,因而常常想方设法向别人借书来读。那时候,书是非常昂贵的,只有富贵人家才买得起。而且人们通常把书当作珍贵的东西收藏起来,即使自己不读

也不肯轻易借给别人。为了能借到书，匡衡就到有书的人家打短工，不要工钱，只求借几本书来读。

匡衡长大后，因为每天都要下地干活，所以白天就很少有时间看书了，于是他就想利用晚上空余时间多看些书。可他家里穷得连蜡烛都买不起，太阳落山后，屋里就漆黑一团，怎么可能看书呢？匡衡因此很发愁。有一天晚上，他突然发现自家的墙壁上有道裂缝，邻居家的一丝烛光从壁缝里透过来。匡衡喜出望外，他悄悄地把壁缝又凿大了一些，然后捧着借来的书凑上前去，借着透过来的烛光看起书来。少年匡衡就这样勤学苦读。后来，他终于成了一个学识渊博的人。

匡衡勤学苦读的精神成了后世学习的榜样。

[[原文]] ···

guān bì zhèng niǔ bì jié
冠❶必正，纽❷必结。
wà yǔ lǚ jù jǐn qiè
袜与履❸，俱紧切❹。
zhì guān fú yǒu dìng wèi
置冠服，有定位；
wù luàn dùn zhì wū huì
勿乱顿❺，致污秽❻。

[[注释]] ···

❶冠:帽子。

107

❷纽:纽带,系结衣服用的带子。

❸履:鞋。

❹紧切:结紧系带。指穿好。

❺顿:放置,安放妥当。

❻秽:污脏。

[[【译文】]] ···

　　戴帽子一定要端正,穿衣服一定要结好带子。鞋、袜都要穿好。

　　衣服和帽子,一定要有固定的地方存放;不能随手乱放,以免把衣帽弄皱弄脏。

[[【原文】]] ···

yī guì jié　　bù guì huá
衣贵洁,不贵华。

shàng xún　fèn　　xià chèn　jiā
上 循❶分❷,下称❸家。

duì yǐn shí　　wù jiǎn zé
对饮食,勿拣择;

shí shì kě　　wù guò zé
食适可,勿过则❹。

nián fāng shào　　wù yǐn jiǔ
年方❺少,勿饮酒;

yǐn jiǔ zuì　　zuì wéi chǒu
饮酒醉,最为丑。

【注释】

❶循:符合。

❷分:名分。

❸称:符合,相当。

❹则:法则,成法。

❺方:正当。

【译文】

穿衣贵在整洁干净,而不必非要华丽漂亮;依照自己的身份穿着,也要符合家庭的经济状况。

对于饮食,不要挑剔偏食;吃东西要有节制,不要过量。

年龄还小时,不要喝酒;喝醉了酒而出丑是最不光彩的事了。

【拓展阅读】

忽必烈以整洁取人

忽必烈是元朝的开国皇帝。他信奉儒术,知人善任,统一了中国,统治着亚洲及欧洲东部的广阔疆域。他着意学习中原的先进文化,同时也是一个非常重视衣着庄重,举止行为合乎礼仪的人。

元世祖忽必烈在位期间,有一次,一个叫胡石塘的人

入京应聘，得到忽必烈的召见。忽必烈看到胡石塘竟然歪戴着帽子来见自己，心中十分不悦。但他没有马上说出来，而是先问他都学过什么。胡石塘答道："我学过治国平天下之学。"忽必烈听了，笑笑说："你连自己的一顶帽子都戴不端正，还能治国平天下吗？"于是他没有起用胡石塘。

胡石塘因为一顶帽子没有戴正而丢了官职，这听起来似乎像是一个笑话。后世也有不少人因此而责怪忽必烈在着装方面的要求过于严苛了。但是我们从另一个角度看，一个人的衣着打扮确实也会体现他的个性、修养，并可由此推测他的工作作风和生活态度。所以，我们说忽必烈这样做也不是没有道理的。

【原文】

bù cóng róng　　　lì duān zhèng

步从容❶，立端正❷；

yī shēnyuán　bài gōng jìng
揖深圆，拜恭敬。

wù jiàn yù　　wù bǒ yǐ
勿践阈❸，勿跛倚❹；

wù jī jù　　wù yáo bì
勿箕踞❺，勿摇髀❻。

【注释】

❶ 从容：舒缓，不慌不忙。

❷ 端正：不歪斜，保持应有的平衡状态。

❸ 践阈：阈，门槛。践阈，即脚踏门槛。

❹ 跛倚：斜靠着某器物，一只脚站立。

❺ 箕踞：蹲或坐时两腿叉开。

❻ 髀：大腿。

【译文】

　　走路时要不紧不慢，从容大方，站立时要端庄直立；作揖行礼时要弓腰、低头，两手圆拱，叩头时要谦恭有礼。

　　站门口时不要脚踏门槛，不要斜着身子靠立；坐时不要叉开两腿，腿不要摇晃。

【原文】

huǎn jiē lián　　wù yǒu shēng
缓揭帘，勿有声；

kuān zhuǎn wān　　wù chù léng
宽 转 弯，勿 触 棱❶。

zhí xū　qì　　rú zhí yíng
执 虚❷器，如 执 盈❸；

rù xū shì　　rú yǒu rén
入 虚 室，如 有 人。

shì wù máng　máng duō cuò
事 勿 忙，忙 多 错；

wù wèi nán　　wù qīng lüè
勿 畏 难，勿 轻 略❹。

dòu nào chǎng　　jué wù jìn
斗 闹 场，绝 勿 近；

xié pì　shì　　jué wù wèn
邪 僻❺事，绝 勿 问。

【注释】

❶棱：有棱角的物体。

❷虚：空。

❸盈：满。

❹轻略：粗心大意。

❺邪僻：不正当，不正派。

【译文】

掀门帘时动作要轻缓，不要让帘子发出声音；走路拐弯时角度要大一些，不要碰到有棱角的物品。

手拿未盛东西的器具,要像拿着盛满东西的器具一样小心;走进没有人的房子,也要像走进有人在的房间一样谨慎。

　　做事不要太匆忙,否则会忙中出错;做事不要有畏难情绪,但也不要粗心大意。

　　打斗喧闹的场合,绝对不要靠近;不正当、不正派的事,不要好奇地去打听。

【原文】

jiāng rù mén　wèn shú cún
将入门,问孰存❶;

jiāng shàng táng　shēng bì yáng
将上堂,声必扬❷。

rén wèn shuí　duì yǐ míng
人问谁,对以名;

wú yǔ wǒ　bù fēn míng
吾与我,不分明。

yòng rén wù　xū míng qiú
用人物,须明求;

tǎng bù wèn　jí wéi tōu
倘❸不问,即为偷。

jiè rén wù　jí shí huán
借人物,及时还;

rén jiè wù　yǒu wù qiān
人借物,有勿悭❹。

【注释】

❶存:在。
❷扬:提高,扩大。
❸倘:如果,假如。
❹悭:吝啬,小气。

【译文】

在进入别人的屋子之前,要先问屋中有没有人;在准备进正厅时,声音要高些。

当屋里人问是谁时,要把自己的姓名告诉对方;如果只说"是我",对方还是弄不清来的是谁。

动用别人的物品,一定要明确地向人请求;如果不征得主人同意就用了,就是偷窃行为。

借用别人的物品,要及时送还;别人向自己求借时,只要自己有,就不要吝啬。

【拓展阅读】

查道采枣留钱

宋朝的时候,有个读书人名叫查道,他是一个讲信用、从不贪小便宜的人。

有一天,他和仆人挑着一些礼物去看望远方的亲戚。

到了中午,两人走得有些饿了,想找个小店吃点东西。可一路上却找不到一个可以吃饭的地方。仆人建议从送人的礼物中拿出一些食物充饥。查道说:"那怎么能行呢?这些礼物既然要送人,便是人家的东西了。我们要讲信用,怎么能偷吃呢?"于是,两人只好饿着肚子继续赶路。

走着走着,他们突然发现路旁有一个枣园。一眼望去,枣树上果实累累,那些枣子已经熟透了,红艳艳的,十分招人喜爱。此时,查道和他的仆人已是饥肠辘辘,他们看到这么多鲜枣,不禁喜出望外,赶紧停了下来。查道命仆人去采了一些枣子来充饥。

两人吃完枣后,查道从身上掏出一串钱来,打算挂在树上。仆人见了,不解地问道:"您这是什么意思?"查道说:"这是给人家的枣钱。"仆人劝他说:"枣园的主人既然不在,几颗枣子,吃就吃了,何必如此认

真呢？"查道听了，非常严肃地对仆人说："吃了人家的枣子，就应该付给人家钱，无论枣园的主人在不在，我们都要诚实守信，不能贪占小便宜。这是做人的基本原则。"

查道的话让仆人深感惭愧，他连忙帮主人把钱挂在了枣树上。然后，主仆二人继续向前赶路了。

路不拾遗

唐中宗时，有个叫宋景的人为人正直、廉洁奉公，因直言敢谏触怒了中宗，被贬为刺史，受命治理武阳县(今邯郸

大名、馆陶一带)。他到那里后，鼓励发展农耕，以德治管理武阳，尽力为百姓做好事，使得这里的人们都能安居乐业。人民生活富足了，精神境界提高了，一时间，当地的民风也变得淳朴起来，人人都没有私心。相互之间取用别人物品

的时候都会有礼貌地征询人家的意见，甚至在路上丢了东西也不用担心再回去找不到，因为没有人会把它据为己有。

有一次，一个做买卖的人途经武阳，不小心把一件心爱的衣裳弄丢了，他走了几十里后才发觉，心中十分着急。这时候，有人劝慰他说："不要紧，我们武阳境内路不拾遗。你回去找找看，一定可以找得到。"丢衣裳的人半信半疑。他心里想：这可能吗？转而又一想，找找也无妨。于是他转身回去，果真找到了他丢失的衣裳。

当时，人们都盛赞宋景像是长了脚的春天，他走到哪里就把光明和温暖带到哪里。

[[原文]]

fán chū yán　xìn　wéi xiān
凡出言，信❶为先；

zhà　yǔ wàng　xī　kě yān
诈❷与妄❸，奚❹可焉？

huà shuō duō　bù rú shǎo
话说多，不如少；

wéi　qí shì　wù nìng qiǎo
惟❺其是❻，勿佞巧❼。

kè bó　yǔ　huì wū cí
刻薄❽语，秽污词；

shì jǐng qì　qiè jiè zhī
市井气，切戒之。

弟子规

【注释】

❶ 信：讲信用。

❷ 诈：奸诈，欺骗。

❸ 妄：胡说。

❹ 奚：怎么。

❺ 惟：助词。用于句首或句中。

❻ 是：准确，正确。

❼ 佞巧：花言巧语，逢迎讨好。

❽ 刻薄：(说话)冷酷无情。

【译文】

说话，首先要讲信用；怎么可以欺骗、狡诈、胡言乱语呢？

话多不如话少，因为言多必失；说出的话要恰如其分，不能花言巧语、逢迎别人。

尖酸刻薄的话、脏话，粗俗的市井习气，都一定要戒掉。

【拓展阅读】

宋璟拒绝奉承

宋璟是唐朝有名的贤相，也是声震四方的政治家。他性情刚正，敢于直谏，在辅佐唐玄宗时，曾针对时弊进行了

一系列大胆的改革，对推动社会的发展做出了很大的贡献。同时，他敢于选贤任能，为国家选拔了许多德才兼备的人才，被许多才学之士称为伯乐。

有一天，吏部主事呈给宋璟一篇名为《良宰论》的文章，并赞叹说："这个人很有学问，是个了不起的人才。"宋璟听了很高兴，他赶紧接过这篇署名为"小人范知璿(xuán)"的《良宰论》，开始仔细地阅读起来。

这篇文章的开篇文采洋溢，论理通透。宋璟看了喜不自禁，连声夸道："不错，不错，确实是好文章！此人才气过人，足可重用。"可是，宋璟越是往下读，脸色就越难看，眉头也紧皱了起来。他边读边喃喃自语："岂有此理，这太过分了，这太过分了。"原来，在文章的后半部分，范知璿竭尽阿谀奉承之能事，对宋璟大加吹捧，说宋璟的贤能超过了古代的晏子、张良，远远胜过唐太宗时的魏徵、房玄龄，另外，范知璿在文章里把当时描绘成升平盛世，一片繁荣景象……

读完全文，宋璟对恭候在一旁的吏部主事说："论才学，范知璿确实是个了不起的人才，但他文章里的浮夸之气太重，尽写些阿谀奉承的话，这种品行不正的人，我若是把他提拔在身边，不是误人、误己、误国吗？"顿了一下，他又说道："请你转告他，不要再搞阿谀奉承之类的事了，要把真才实学用到国计民生的大事上去，切切实实地提些强国利民的好建议。"

就这样，饱学的范知璿本以为通过奉承宋璟能得到一官半职，没想到反而因此失去了机会。

见未真，勿轻言；
jiàn wèi zhēn wù qīng yán

知未的❶，勿轻传。
zhī wèi dí wù qīng chuán

事非宜❷，勿轻诺❸；
shì fēi yí wù qīng nuò

苟轻诺，进退错。
gǒu qīng nuò jìn tuì cuò

凡道字❹，重且舒；
fán dào zì zhòng qiě shū

勿急疾，勿模糊。
wù jí jí wù mó hú

彼说长，此说短；
bǐ shuō cháng cǐ shuō duǎn

不关己，莫闲管。
bù guān jǐ mò xián guǎn

【注释】

❶ 的：真实，确实。

❷ 宜：适宜，合适。

❸ 诺：许诺。

❹ 道字：说话吐字。

【译文】

对自己没有完全确定的事,不要随便发表意见;对自己没有明确了解的事,不要轻易传播。

不应该做的事,不要随便答应别人;如果轻易承诺了,就很容易进退两难,做也不是,不做也不是。

说话时,吐字要响亮而且舒缓;不要讲得太快,不要讲得含糊不清。

那个说东家长,这个说西家短;如果别人说的这些跟自己毫不相关,就不要多管闲事。

【原文】

jiàn rén shàn　 jí sī qí
见人善,即思齐❶;
zòng qù yuǎn　 yǐ jiàn jī
纵去远,以渐跻❷。
jiàn rén è　　 jí nèi xǐng
见人恶,即内省❸;
yǒu zé gǎi　 wú jiā jǐng
有则改,无加警❹。

【注释】

❶齐:一致。
❷跻:登,上升。

❸ 省:反省,检查自己的言行。
❹ 警:警惕。

【译文】

　　见到别人贤德,就要向他看齐;即使和他还相去甚远,只要不懈努力,终会渐渐赶上他。

　　看到别人做了坏事,或看到别人的缺点,就要自我反省。自己有这样的过错或缺点要改正,如果没有,也应告诫自己多加警惕。

【原文】

wéi dé xué　wéi cái yì
唯德学,唯才艺,

bù rú rén　dāng zì lì
不如人,当自励❶。

ruò yī fú　ruò yǐn shí
若衣服,若饮食,

bù rú rén　wù shēng qī
不如人,勿生戚❷。

【注释】

❶ 励:激励。
❷ 戚:悲伤、忧愁。

【译文】

当自己的德行、学问、才能、技艺不如别人的时候，就应当自我激励，奋发赶上。

如果只是自己的衣服、饮食不如别人，实在没有什么可忧愁的。

【拓展阅读】

病卧牛衣

西汉末年有个叫王章的人，他出身贫苦，有一年冬天，王章在长安读书时，害了重病，而这时家里穷得连一条御寒的被子都没有。他的妻子没有办法了，便把一件被人家抛弃在路上的牛衣（古时候人们把覆盖在牛身上用来御寒、避雨的物件叫作牛衣，它多是用草

或麻编成的)捡了回来,然后两人蜷缩在牛衣里相拥着取暖。王章看到家里穷成这个样子,自己又疾病缠身,他觉得自己这一生再也不会有什么出息了,一时间百感交集,不由得悲从中来,他哭着要和妻子诀别。他的妻子非常理解他的心情,鼓励他不要气馁,并好言劝慰他说:"京师虽多才俊之士,但是夫君你的才学却也决不逊色于他们啊。现在朝廷正在选贤任能,你何不去应试呢?哭有什么用呢?"王章听从了妻子的劝告,决心养好病后继续刻苦攻读,然后考取功名。

王章在妻子的悉心照料下身体逐渐好了起来。他没有忘记自己和妻子在牛衣里对泣的情景,发奋读书,后来果然功成名就。

刮 目 相 看

吕蒙是三国时期东吴的大将。他自幼丧父,因家里穷苦,只好与母亲投靠姐夫邓当。邓当是东吴孙策手下的一名得力武将,他平时就教小吕蒙学习兵法和武功,吕蒙因而练得一身好武艺。

吕蒙年纪稍大后,在邓当的举荐下,得到了孙策的召见。孙策见吕蒙相貌出众、谈吐不凡、武艺超群,便把他留在了身边。后来孙权主事。孙权也非常赏识吕蒙。吕蒙跟随孙权屡立战功,职位也随之不断升迁。

虽然吕蒙领兵作战很有一套,但因为他从小家境贫寒,到了姐夫家又以习武为主,所以读书很少,文化功底很差。因此，孙权就劝他多读些书以增长见识。

一次，孙权对吕蒙说："你现在身担要职，掌握重权，应当读书以益己。"吕蒙回答："军营中事务繁多，恐怕没有时间读书。"孙权说："我并不是要你钻研经史典籍，成为学问渊博的学者，我只是要你广泛地涉猎历史而已。你说事务繁多，比得上我吗？汉光武帝刘秀在处理兵务间隙，还手不释卷；魏武帝曹操也自谓老而好学。像你这样的青年才俊，悟性强，学习起来必定进步神速，为什么独独你不自勉呢？"吕蒙听后，感到非常惭愧，于是开始发奋学习。他意志坚定、目标明确，发誓要成为一个饱读经史的人；他所阅览的书籍，比儒生还要多，很快言谈举止就与以前大不一样了。

一天，东吴名将鲁肃来与吕蒙论说天下大事，鲁肃竟然说不过吕蒙。他拍了拍吕蒙的肩膀，非常惊奇地说："我以前认为贤弟只有武略，今日才知道你竟如此博学多才，贤弟的学识真是进步神速啊，不再是过去的东吴吕蒙了！"

吕蒙说:"士别三日,即当刮目相待。老兄你为什么看到事物的变化这么晚呢!"吕蒙还为鲁肃出了三个计策,鲁肃恭敬地接受了。

【原文】

wén guò nù　wén yù lè
闻过怒,闻誉乐;

sǔn yǒu lái　yì yǒu què
损友❶来,益友❷却。

wén yù kǒng　wén guò xīn
闻誉恐,闻过欣;

zhí liàng shì　jiàn xiāng qīn
直❸谅❹士,渐相亲。

【注释】

❶ 损友:不好的朋友。

❷ 益友:有益的朋友。

❸ 直:正直。

❹ 谅:诚信。

【译文】

如果听到别人指责自己的过错就发怒,听到别人称赞自己就高兴,那么不好的朋友就聚拢过来,而那些真正对你有益的朋友就会离你而去。

如果听到别人对自己的赞誉就感到不安,听到别人指出自己的过失就很高兴,那么正直诚信的君子就会逐渐与你亲近。

【拓展阅读】

吕岱闻过则喜

吕岱,字定公,是三国时东吴的名将。初任郡县小吏,建安十六年升任昭信中郎将。后来因平定内乱,开拓南疆,"功超廉颇",晋升为镇南将军。吕岱虚怀若谷,为官不骄,不论是谁,只要能指出他的过错,他都能虚心地接受。

当时有个名叫徐源的人,经常指出吕岱的过失,吕岱非常感激他,并与他成了朋友。当时徐源家境十分贫寒,吕岱就不时出钱资助他。在交往过程中,吕岱发现徐源不仅为人坦荡,诚实正直,而且很有才华,于是便举荐他做了官。在吕岱的极力推荐下,徐源当上了御史。

徐源当上御史后,每当发现吕岱的过失时,他仍是直言不讳地当面批评。而吕岱每次也都能够很虚心地听取他的意见。有些人对此不太理解,认为徐源做得太过分了。他们认为徐源是经吕岱再三保举才得到今天的地位,他现在却总是指责吕岱的错误,实在是有些恩将仇报了。吕岱听到这些议论后,对大家说:"徐源能够当面指出我的过失,这是为了我好啊!你们哪里知道,这正是徐源在报答我的知遇之恩。我之所以能一如既往地敬重他,原因也就在于此啊!"

【原文】

wú xīn fēi　　míng wéi cuò
无心非❶,名为错;

yǒu xīn fēi　　míng wéi è
有心非,名为恶。

guò néng gǎi　　guī yú wú
过能改,归于无,

tǎng yǎn shì　　zēng yī gū
倘掩饰,增一辜❷。

【注释】

❶ 非:做坏事。

❷ 辜:过错,罪过。

[[译文]]

无意中做了坏事，可以叫作"错"；如果有意做坏事，那就该叫作"恶"了。

如果有了错误能迅速改正，那就不会再犯同样的错误。如果对错误加以掩饰，那就等于错上加错了。

[[拓展阅读]]

亡羊补牢

战国时期，楚襄王继位后，整天只知骄奢淫乐，不理朝政。

大夫庄辛见国君如此，很为楚国担忧，便劝谏襄王说："大王再这样奢侈、糜烂地生活下去，国家可就危险了。"楚襄王听后，怒骂道："你老糊涂了吗？竟然这

样诅咒楚国,扰乱人心!"庄辛见得罪了襄王,就请求楚襄王允许他离开楚国,到赵国等待事情发展的结果,楚襄王答应了他。果然不出庄辛所料,在他离开楚国五个月后,秦国便出兵攻打楚国,楚国相继失去了鄢(yān)、郢(yǐng)、巫、上蔡、陈等地,襄王也被迫流亡城阳。这时,襄王才醒悟到当初不该不听庄辛的劝告,更不该大骂他,于是赶紧派人到赵国召回庄辛。

　　庄辛回到城阳见襄王,襄王先是检讨自己从前糊涂,然后问庄辛道:"事情到了现在这个地步,先生可还有什么办法来帮助我呢?"庄辛回答说:"俗话说:'见兔而顾犬,未为晚也;亡羊而补牢,未为迟也。'"接着,庄辛又劝谏了一番。楚襄王觉得庄辛言之有理,便拜他为阳陵君。在庄辛的帮助下,襄王收复了淮北的失地。

四、泛爱众而亲仁
sì fàn ài zhòng ér qīn rén

【原文】

fán shì rén　　jiē xū ài
凡是人，皆须爱，

tiān tóng fù　　　dì tóng zài
天同覆❶，地同载。

【注释】

❶ 覆：遮蔽。

【译文】

世上一切人都需要关心和爱护，因为我们同在一片蓝天下，同被大地所承载，生活在同一个天地之中。

【原文】

xíng gāo zhě　　míng zì gāo
行高者，名自高。

rén suǒ zhòng　fēi mào gāo
人所重，非貌高。

cái dà zhě　wàng ❶ zì dà
才大者，望❶自大；

rén suǒ fú　fēi yán dà
人所服，非言大❷。

【注释】

❶ 望：名望，声誉。

❷ 言大：夸大其辞，善于吹嘘。

【译文】

一个德行高尚的人，其名声自然大。人们所敬重的，不是一个人漂亮的外貌。

一个很有才学的人，其威望自然很高。人们所佩服的是一个人的才学而不是他的自我吹嘘。

【拓展阅读】

"征君"黄宪

黄宪，字叔度，是东汉时期博学多才的名士。因其不受朝廷征聘，被人称为"征君"。黄宪的父亲是个兽医，所以人们都认为黄宪的出身低贱。但黄宪并不因此而自卑，他刻苦自学,不仅才识过人,而且为人诚恳谦逊,很受人们的尊敬。

黄宪十四岁那年,他遇到当时的名士荀淑,荀淑见他言谈举止落落大方,很是喜欢,于是就跟他攀谈起来。黄宪年纪虽小,却谈吐不俗,两人一直谈到夕阳西下,才依依惜别。荀淑赞许地对黄宪说:"没想到你有如此见识,竟可以做我的老师了!"黄宪连连谦让说:"先生过奖了,请多指教!"

当时,黄宪有个同乡叫戴良,也很好学,而且才能出众,在乡里名声很大。只是他生性傲慢,目中无人,经常以孔子和大禹自喻。有一次,这位目空一切的戴良遇到了谦虚谨慎的黄宪。两人开始交谈起来,不多时,骄傲的戴良就有些力不从心了,他自忖在各个方面都比不上黄宪,于是就整容肃立,表示敬佩。甚至与黄宪分手后,他还若有所思。回家后,戴良的母亲见一向意气风发的儿子垂头丧气,不免吃惊:"见到兽医的儿子就变成这样了?"戴良回答母亲说:"不能轻视人家。我没见到黄宪的时候,以为自己的才学一定在他之上,见他之后,才感到他高不可攀!黄叔度这个人,真是一个奇才啊!"

渐渐地,黄宪的名声越来越大,官府几次征召他出来做官,他都不肯,一直隐居在乡里,他死后,人们称他为"征君",以示对他的敬重。

【原文】

jǐ yǒu néng wù zì sī
己有能,勿自私;

rén suǒ néng　　wù qīng zǐ
人所能，勿轻訾❶。

wù chǎn fù　　wù jiāo pín
勿谄富❷，勿骄贫❸。

wù yàn gù　　wù xǐ xīn
勿厌故，勿喜新。

rén bù xián　　wù shì jiǎo
人不闲，勿事搅；

rén bù ān　　wù huà rǎo
人不安，勿话扰。

【注释】

❶ 訾：诋毁，怨恨。
❷ 谄富：对富者谄媚。
❸ 骄贫：对贫者骄横。

【译文】

自己有才能，不能自私保守，舍不得付出；别人有才能，不能诋毁别人。

不要巴结奉承富者，不要对穷人骄横无礼；不要厌弃故旧老友，不要只愿意结交新朋友。

当别人没有闲暇时，不要用自己的事去打搅他；当别人心情烦躁、情绪不稳时，不要找他说话打扰他。

祁黄羊荐贤

春秋时期,晋国有个大夫叫祁黄羊。有一次,晋平公问祁黄羊:"南阳县令一职空缺,你看谁合适呢?"祁黄羊毫不犹豫地回答说:"解狐可以胜任此职。"晋平公听后非常吃惊:"解狐不是你的仇人吗?你为什么还要举荐他?"祁黄羊平静地回答道:"大王您问的是谁可以胜任南阳县令一职,我认为解狐能够胜任,所以举荐了他;您并有问谁是我的仇人呀?"晋平公听了很是赞许,遂派解狐到南阳上任。解狐上任后,为当地老百姓做了不少好事,受到了人们的一致称赞。

过了一段日子,晋平公又问祁黄羊说:"现在国家缺一名尉官,你看谁可以担当这一职务呢?"祁黄羊立即举荐了祁午。晋平公心有疑虑地问:"祁午不是你儿子吗?你举荐自己的儿子,不怕别人说闲话吗?"

祁黄羊从容地回答说:"大王您问的是谁可以担任尉官之职,我认为祁午可以胜任,所以举荐了他,大王您并没有问祁午是不是我的儿子呀?"晋平公听后连连点头,赞许地说:"回答得好!"于是就任命祁午为尉官。祁午当了尉官之后,办了大量的实事,备受人们的爱戴。

后来,孔子听到这件事,他感慨地说:"祁黄羊讲得太好了!外举不避仇,内举不避亲,祁黄羊真是个公正无私的人啊!"就这样,晋国大夫祁黄羊"外举不避仇,内举不避

〖原文〗

rén yǒu duǎn　qiè mò jiē
人有短,切莫揭;

rén yǒu sī　qiè mò shuō
人有私,切莫说。

dào rén shàn　jí shì shàn
道❶人善,即是善,

rén zhī zhī　yù sī miǎn
人知之,愈思勉❷。

yáng rén è　jí shì è
扬人恶,即是恶;

jí zhī shèn　huò qiě zuò
疾❸之甚,祸且作❹。

shàn xiāng quàn　dé jiē jiàn
善相劝❺,德皆建;

guò bù guī　dào liǎng kuī
过不规❻,道两亏。

〖注释〗

❶道:说,谈论。

❷勉:自勉。

❸疾:憎恨。

❹作:发生。

❺ 劝:鼓励。

❻ 规:规劝。

〖译文〗

　　别人有短处被你知道了,千万不要揭发出来;别人有隐私被你知道了,也千万不要说给他人听。

　　称赞别人的善行是在做善事;别人知道你称赞他,就会更努力地做好。

　　宣扬别人的短处是一种不好的行为;这样会让别人憎恨你,恨你到一定程度,就会给你招来祸患。

　　看到别人的长处而给予鼓励,这样双方的品德都会受益;看到别人的过失却不加以规劝,双方都在德行上有所亏损。

〖拓展阅读〗

表 正 乡 间

　　东汉时期有个叫陈寔(shì)的人,非常勤奋好学。他早年曾做过县吏,当时的县令认为他很不一般,便举荐他到太学深造。学成后的陈寔先后担任太丘县令、大将军府吏等职。后来,他因为党锢之祸而辞官归乡。因为乡里人知道他为人仗义执言,又待人宽仁,所以只要有了争讼,都愿意找他来评判是非曲直。

　　有一次,陈寔家里潜入了一个盗贼,藏在房梁上准备

等陈寔和他家人入睡后行窃。陈寔发现了他后，并没有直接指出来，而是不动声色地对家里人说："人不能不自重啊。坏人也并非是天生的坏人，只不过是对自己过于放纵，或者是迫于无奈才这样罢了。比如一些梁上君子可能就是这种状况。"在梁上藏身的盗贼听了他的话，吓得从梁上掉了下来，跪在地上求饶。陈寔说："看你的样子不像是坏人，一定是有什么解决不了的事情了。但无论如何你也不能选择这条路啊。你应当赶快弃恶从善，重新做人才对。"陈寔说完还赠送了这个人两匹丝绢，然后送他出门。这个人非常感动，发誓一定改邪归正，重新做人。

后来，陈寔的品行和威望使全县的民风变得淳朴起来，该县境内道不拾遗，夜不闭户，盗贼也销声匿迹了。

【原文】

fán qǔ yǔ　　guì fēn xiǎo

凡取与❶，贵分晓❷：

yǔ yí duō　qǔ yí shǎo
与宜多，取宜少。

jiāng jiā rén　xiān wèn jǐ
将加人，先问己；

jǐ bù yù　　jí sù yǐ
己不欲❸，即速已❹。

ēn yù bào　yuàn yù wàng
恩欲报，怨欲忘；

bào yuàn duǎn　bào ēn cháng
报怨短，报恩长。

【【注释】】

❶ 与：给予。

❷ 晓：清楚。

❸ 欲：愿意。

❹ 已：停止。

【【译文】】

凡是涉及到从别人那里取来，还是送给别人的问题，一定要分得清清楚楚：给别人要尽量多些，从别人那里获取要尽量少些。

当你要求别人做事的时候，应先问一问自己愿不愿去做；自己都不愿意做的事，就不应该要求别人去做。

别人给予的恩惠要报答，和别人结下的仇怨要忘却；报怨之心停留的时间越短越好，但是报答恩情的心意却要

弟子规

长存不忘。

〖拓展阅读〗

韩 信 报 恩

　　韩信是我国汉代著名的军事家,淮阴(今属江苏)人,曾被汉高祖刘邦拜为大将,为他开创帝业立下了汗马功劳。

　　韩信不仅具有非凡的大将风度,还是个非常有信用的人。他很小的时候,父母就相继去世了,他无依无靠,生活

得非常艰难,有时,甚至要靠别人的施舍过日子。在他家的附近,有一条小河,韩信常常去河边钓鱼,以填饱肚子。但就是这样,也免不了要挨饿。

　　他在河边钓鱼的时候,经常会遇到几个老妈妈来河边洗涤衣物。通常她们一洗就是一整天,所以,每次来干活,她们都带着饭

菜。每当中午她们在河边吃饭时,饥饿难耐的韩信就忍不住盯着她们的饭菜看。

有一次,一位善良的老妈妈看到在一旁钓鱼的韩信盯着她们的表情,猜出他正饿着肚子,就把自己的饭菜分出一些给他吃。就这样,一连十几天,韩信都能吃到这位老妈妈分给他的饭菜。韩信非常感激,就对老妈妈说:"我将来一定要重重地报答您!"不料,老妈妈却并不领情,她生气地对韩信说:"我是看你饿着肚子,实在可怜,哪里想要你回报呢!只希望你将来能有出息就好了。"韩信听完后,没再说什么,却把老妈妈的话牢牢地记在了心里。

后来,韩信投奔到汉王刘邦的营中,因为卓越的军事才能,被刘邦拜为大将。他跟随刘邦南征北战,建立了赫赫战功,被封为王侯。但他一直没忘记那位曾给他饭吃的老妈妈。于是,在被封为楚王后,韩信回到了家乡,他派人请来了那位老妈妈,向她深深地表示感谢,并赠给她许多银子,实现了自己昔日的承诺。

人们为韩信这种信守诺言、日久不忘报恩的精神所感动,就在江苏淮安城西北的古运河畔,韩信钓鱼时接受老妈妈食物的地方,建了一座"漂母祠"以示纪念。

【原文】 ......

dài bì pú shēn guì duān
待婢仆,身贵端❶;

suī guì duān cí ér kuān
虽贵端,慈而宽。

势^❷服人，心不然；

shì fú rén xīn bù rán

理服人，方无言。

lǐ fú rén fāng wú yán

【注释】

❶ 端：端正。

❷ 势：权势。

【译文】

对待家里的婢女仆从，重要的是自身品行要端正。品行端正固然重要，也要有仁慈宽厚的胸怀。

凭权势压服别人，别人内心里不会信服。以理服人，别人才会心服口服而无话可说。

【拓展阅读】

刘文饶宽厚待人

东汉时有个叫刘宽、字文饶的人，曾任南阳太守。他为人善良，性情温和仁慈，待人宽厚。他平时神色安详平和，喜怒不形于色，哪怕发生了十万火急的事情，也不会急躁发火。

妻子和刘宽生活了多年，见他总是不温不火，因而一

直想试探一下他究竟有多大的气量。这一天刘宽要去上早朝，朝服已经穿得整整齐齐了。这时，他的夫人让一个婢女端一碗汤给他喝，婢女假装脚下一滑，碗里的汤一下子全都洒在刘宽的朝服上。在场的人全都屏气敛声,气氛紧张极了，而此时的刘宽却没有露出丝毫生气的神色,而是平静地问婢女："烫到手了没有？"令在场的人大为叹服。

刘宽不仅对待家人如此宽厚,对待下属和百姓更是仁爱有加。假使吏民犯了错误,他只是用蒲草做的鞭子象征性地责打几下,以示惩戒,决不动用较重的刑罚。大家非常感念他的恩德,于是都十分谨慎,很少有人触犯律令法条。刘宽宽厚贤德的名气也越来越大,在汉灵帝时,他官职做到了太尉。

【原文】

tóng shì rén   lèi bù qí

同是人，类不齐；

liú sú zhòng　rén zhě xī
流俗众，仁者稀。

guǒ　rén zhě　rén duō wèi
果❶仁者，人多畏。

yán bù huì　sè bù mèi
言不讳，色不媚。

néng qīn rén　wú xiàn hǎo
能亲仁，无限好；

dé rì jìn　guò rì shǎo
德日进，过日少。

bù qīn rén　wú xiàn hài
不亲仁，无限害；

xiǎo rén jìn　bǎi shì huài
小人进，百事坏。

【注释】

❶果：果真，真正。

【译文】

同样是人，但修养、人品却不一样；平庸的人较多，而仁德的人很少。

真正的仁者，人们对他多怀有敬畏之心；因为他说话时不隐讳什么，脸色也不逢迎献媚。

若能与仁义的人亲近，会得到无限的好处；与仁义的

传统文化图文本

人亲近会使自己的品德一天天长进,过失一天天减少。

不亲近仁义之人,会有无限害处;小人就会乘机接近你,什么坏事都可能做出。

[[拓展阅读]]

暮夜四知

东汉著名学者杨震,人称"关西孔子"。他生性淡泊,耿直坦荡。早年隐居乡里,专心讲学,后来出任荆州刺史。在任上,他发现有一个叫王密的秀才很有才学,就举荐他做了昌邑县令。

有一次,杨震路过昌邑,王密亲自到郊外迎接,并安顿膳宿,非常周到。晚上,王密来到杨震的住处拜谒,他见旁边没有其他人,就迅速从怀中捧出十斤黄

金,端放在杨震面前,他诚恳地说道:"幸得恩师光临,这区区薄礼,聊谢栽培之恩。"杨震见状,连连摆手谢绝,并语重心长地对王密说:"以前,我是欣赏你的才学,并深知你的为人,所以才举荐你担任县令。你今天居然这样做,可见你并不了解我的为人。"王密还试图说服杨震,于是低声说道:"现在夜深人静,不会有人知道的。"杨震听他这样说,非常生气,就严肃地盯着王密说:"不对,你送金子给我,天知、地知、我知、你知,你怎能说没人知道呢?"王密一听这话,满脸愧色,连忙谢罪,揣起金子赶紧告辞了。

后来,杨震"暮夜却金"的事传了出去,人们对他洁身自爱的高洁品质非常敬佩,视他为廉洁无私的典范。

wǔ xíng yǒu yú lì zé yǐ xué wén

五、行有余力 则以学文

【原文】

bù lì xíng dàn xué wén
不力行❶,但学文;

zhǎng fú huá chéng hé rén
长浮华❷,成何人。

dàn lì xíng bù xué wén
但力行,不学文;

rèn jǐ jiàn mèi lǐ zhēn
任己见,昧理真。

【注释】

❶力行:亲自实践。

❷浮华:讲究表面的华丽,而不讲实际。

【译文】

如果不身体力行地实践孝、悌、谨、信、泛爱众、亲仁这些基本道理,只是死读书本,就会助长华而不实的作风,将来不知会成长为什么样的人。

如果只重视实践,而不学习书本知识,就容易只凭自己的片面见解去办事,而对道理则蒙昧不清。

【原文】

读书法,有三到❶,
心眼口,信❷皆要。
方❸读此,勿慕❹彼,
此未终,彼勿起。
宽为限,紧用功,
功夫到,滞塞❺通。
心有疑,随札记❻;
就❼人问,求确义。

【注释】

❶ 三到:心到,眼到,口到。

❷ 信:的确,实在。

❸ 方:刚,才。

❹ 慕:羡慕。

❺ 滞塞:指不懂的地方,不明白之处。

❻ 札记:读书时摘记的要点、心得等。

❼ 就:接近,趋向。

【译文】

读书的方法讲求心到、眼到、口到;用心记,用眼看,用口读,这三者的确都很重要。

正读这本书时,不要又去羡慕那本书;这本书还未读完,就不要开始去读那本书。

学习计划的期限可放宽些,但实际执行时要抓紧用功,严格执行;只要功夫到家,不懂的地方自会通晓。

如果遇到有疑问的地方,就应随手做好笔记;虚心向别人求教,以求了解问题的准确含义。

【拓展阅读】

韦 编 三 绝

孔子名丘,字仲尼,是儒家学派的创始人,也是我国古代杰出的思想家和教育家。他多才多艺,学识渊博。但他的博学多才并不是天生的,孔子自己也曾说过,他并非"生而知之者",而是通过锲而不舍的刻苦钻研得来的。

　　孔子小的时候,因为家境贫寒,没能受到良好的教育。在十五岁时,孔子开始发奋读书,他没钱请先生,就通过自修的方式来获得知识。如果在学习上遇到了难题,他就多方面向人请教,从不放过任何一个求知的机会。无论是遇到博学的官人,还是普通的老百姓;也不管是白发苍苍的老人,还是童蒙初开的儿童,孔子都虚心地请教。因此他说:"三人行,必有我师焉。"

　　有一次,孔子借到了一部《周易》。《周易》是一部深奥难解的古书,许多人都对它望而却步,不敢做深入研究。但是,孔子却下定决心要读懂弄通这部经典之作。他把用竹木简写成的、足有几十斤重的《周易》抱回家,开始逐字逐句地仔细阅读。好不容易读完第一遍，孔子却发现自己一点也不明白。但他没有就此放弃，而是静下心来又读了一遍，可是依然不太明白，于是他又读了第三遍、第四遍……就这样翻来覆去，不知读了多少遍，最后，他终于把这部书读懂了，弄通了，并能够向别人详细地介绍其中的内容了。但是，由于孔子读得遍数太多了，把串联竹木简的牛皮带子都给磨断了许多次，人们就把这个故事编为一句成语，叫做"韦编三绝"。以此来形容勤奋学习的精神。

正是这种"学而不厌"的求索精神和孜孜不倦的刻苦钻研精神，使孔子终于成了我国古代著名的圣贤。

[[原文]]

fáng shì qīng　qiáng bì jìng
房室清，墙壁净，

jī àn jié　bǐ yàn zhèng
几案洁，笔砚正。

mò mó piān　xīn bù duān
墨磨偏，心不端；

zì bù jìng　xīn xiān bìng
字不敬，心先病。

liè diǎn jí　yǒu dìng chù
列典籍，有定处，

dú kàn bì　huán yuán chù
读看毕，还原处。

suī yǒu jí　juàn shù qí
虽有急，卷❶束❷齐，

yǒu quē sǔn　jiù bǔ zhī
有缺损，就补之。

fēi shèng shū　bǐng　wù shì
非圣书，屏❸勿视；

bì　cōng míng　huài xīn zhì
蔽❹聪明，坏心志。

wù zì bào　wù zì qì
勿自暴❺，勿自弃❻，

shèng yǔ xián　kě xùn　zhì
圣与贤，可驯❼致❽。

【注释】

❶ 卷：书本。

❷ 束：捆绑。

❸ 屏：除去，舍弃。

❹ 蔽：蒙蔽。

❺ 暴：损害，糟蹋。

❻ 弃：抛弃，放弃。

❼ 驯：逐渐。

❽ 致：达到。

【译文】

书房要清洁，墙壁要干净，桌案要整洁，笔砚要摆放端正。

若把墨磨偏了，表明心不在焉；字写得不工整，同样表明心思不在这里。

存放典籍要有固定的地方；书看完了，要把书放回原处。

虽有急事，也要把书本整理好再离开；如果书本有缺损，应马上修补完整。

不是圣贤的书，应舍弃不看；这种书容易蒙蔽人的智慧，腐蚀人的心志。

一个人不能自甘堕落，不思进取；圣人和贤人的境界都是通过循序渐进、不懈努力而逐渐达到的。

【拓展阅读】．．．．．．．．．．．．．．．．．．．．．．．．．．．．．．．

浪子好学

皇甫谧(mì)，字士安，自号玄晏先生，是魏晋时期著名的文学家、医学家。皇甫谧从小被父母过继给他的叔父做儿子，叔父叔母都很宠爱他。不久，他的叔父去世了，叔母就把希望都寄托在皇甫谧的身上。可是，因为叔母的过度溺爱，皇甫谧只知道贪玩，并没有把心思放在学习上。十七八岁了，还跟一群无赖子弟混在一起，像脱缰的野马，整天东游西荡，不务正业。人们看他不学无术，都瞧不起他。皇甫谧的浪荡行为，使他的叔母非常难过，常常恨铁不成钢，为他的前途十分担忧。

有一天，皇甫谧从外面弄到一些瓜果，就带回家给叔母吃，想借此安慰叔母。不料，叔母却把瓜果摔到地上，生气地说："即使你把世上最好的东西拿来给我吃，你也不能算是一个孝顺的儿子。你看看自己，如今都快二十岁了，还不知道走正道，只是一味地吃喝玩乐，你拿来这些东西就能让我感到安慰吗？"说着说着，叔母禁不住伤心地流下泪来。继而，她语重心长地对皇甫谧说："如果你真想孝顺我，就从此收敛身心，立志图强，做出一点成绩来。"看到叔母这样伤心，皇甫谧深受感动，他噙着泪，在心里发誓，一定要痛改前非，发奋学习。

从此以后，皇甫谧刻苦攻读，虚心求教，一天也不懈怠。甚至去田间耕作的时候，他也带着书本，休息时，他就坐在田埂上诵读。从那以后，他陆续研读了许多书。有人曾劝他说："你这样苦学，过多地损耗了精力，会影响健康的。"皇甫谧回答说："古人说过，一个人如果早上听到了真理，即便是晚上死去也就知足了。何况一个人寿命的长短并不取决于是否勤学。"

就这样，皇甫谧通过悔过自新，矢志苦学，终于从一个让人耻笑的浪子变成了一个道德高尚、学识渊博的人。他的一生中，不但写出了《帝王世纪》《高士传》和《晏子春秋》等文学名篇，还撰写了《素问》《真经》等医学名著，成为一代著名的文学家、医学家。